ISBN-13: 978-3-540-01765-3   e-ISBN-13: 978-3-642-99846-1
DOI: 10.1007/978-3-642-99846-1

Inhaltsverzeichnis

                                                                 Seite

Vorwort 3

I. **Einleitung** 3
    1. Grundlegende Forderungen S. 3. — 2. Die MOHSsche Härteskala S. 4. — 3. Begriff der Härte S. 4. — 4. Zweck einer Härtemessung S. 4. — 5. Das Zerreißdiagramm S. 5. — 6. Der Vorgang bei der Härtemessung S. 5. — 7. Die verschiedenen Prüfverfahren S. 6.

II. **Die Brinellprüfung** 7
    1. Grundlage S. 7. — 2. Definition S. 7. — 3. Die verschiedenen Prüfstufen S. 7. — 4. Bezeichnung S. 8. — 5. Wahl des Belastungsgrades und der -stufen S. 8. — 6. Stärke des Prüflings S. 10. — 7. Änderung des Belastungsgrades S. 12. — 8. Auswertung des Eindruckes S. 12. — 9. Die Prüffläche S. 14. — 10. Angabe der Prüfbedingungen S. 14. — 11. Belastungsdauer S. 14. — 12. Abstand der Eindrücke S. 15. — 13. Die Prüfkugel S. 15. — 14. Abarten — Hinweise S. 15.

III. **Das Vickersverfahren** 16
    1. Definition S. 17. — 2. Bezeichnung S. 17. — 3. Prüflast S. 17. — 4. Wahl der Prüflast S. 18. — 5. Auswertung des Eindruckes S. 19. — 6. Der Eindringkörper S. 20. — 7. Die Prüffläche S. 20. — 8. Die Belastungsdauer S. 21. — 9. Besondere Hinweise S. 21.

IV. **Das Rockwell-Verfahren** 21
    1. Definition S. 22. — 2. Der Meßvorgang S. 22. — 3. Die Meßkräfte S. 23. — 4. Der Eindringkörper (Diamant, Kugel) S. 24. — 5. Die Belastung S. 25. — 6. Die Auflegezeit S. 25. — 7. Die Belastungsdauer S. 26. — 8. Die Ablesezeit S. 26. — 9. Der Prüfling S. 26. — 10. Der Eindruck S. 28. — 11. Das Meßergebnis, die Meßgenauigkeit S. 28. — 12. Die Prüfung mit kleiner Last S. 29. — 13. Das HRb-Verfahren S. 30. — 14. Die Skala S. 31. — 15. Kennzeichen der Rockwell-Verfahren S. 32. — 16. Messung von Einsatztiefen S. 32. — 17. Hinweise, Abarten S. 33.

V. **Die dynamischen Verfahren** 35
    1. Der Schlaghärte-Prüfer nach Professor BAUMANN S. 35. — 2. Der Fall-Härteprüfer nach Dr. M. VON SCHWARZ S. 36. — 3. Der Kugelschlag-Härteprüfer mit Vergleichsprobestab S. 36. — 4. Der Rücksprung-Härteprüfer S. 37.

VI. **Feilen- und Ritzhärteprüfung** 40
    1. Feilenhärte S. 40. — 2. Lackhärteprüfung S. 41. — 3. Ritzhärte-Prüfer S. 41.

VII. **Kleinlast- und Mikrohärteprüfung** 42

VIII. **Elektromagnetische Härteprüfverfahren** 44

IX. **Gummi-Härteprüfung** 45

X. **Berechnung der Härte** 47
    1. Umrechnung von Härtewerten S. 47. — 2. Definition und Dimensionen der verschiedenen Härten S. 48.

XI. **Fehlertabelle** 49

Alle Rechte, insbesondere das der Übersetzung in fremde Sprachen, vorbehalten.
Ohne ausdrückliche Genehmigung des Verlages ist es auch nicht gestattet, dieses Buch oder Teile daraus auf photomechanischem Wege (Photokopie, Mikrokopie) zu vervielfältigen.
Printed in Germany.

WERKSTATTBÜCHER
FÜR BETRIEBSANGESTELLTE, KONSTRUKTEURE UND FACHARBEITER. HERAUSGEGEBEN VON DR.-ING. H. HAAKE, HAMBURG

Jedes Heft 50—70 Seiten stark, mit zahlreichen Abbildungen

Die Werkstattbücher behandeln das Gesamtgebiet der Werkstatttechnik in kurzen selbständigen Einzeldarstellungen: anerkannte Fachleute und tüchtige Praktiker bieten hier das Beste aus ihrem Arbeitsfeld, um ihre Fachgenossen schnell und gründlich in die Betriebspraxis einzuführen.

Die Werkstattbücher stehen wissenschaftlich und betriebstechnisch auf der Höhe, sind dabei aber im besten Sinne gemeinverständlich, so daß alle im Betrieb und auch im Büro Tätigen, vom vorwärtsstrebenden Facharbeiter bis zum leitenden Ingenieur, Nutzen aus ihnen ziehen können.

Indem die Sammlung so den Einzelnen zu fördern sucht, wird sie dem Betrieb als Ganzem nutzen und damit auch der deutschen technischen Arbeit im Wettbewerb der Völker.

Einteilung der bisher erschienenen Hefte nach Fachgebieten

I. Werkstoffe, Hilfsstoffe, Hilfsverfahren
                                                                                     Heft

Der Grauguß. 3. Aufl. Von Chr. Gilles 19
Einwandfreier Formguß. 3. Aufl. Von E. Kothny 30
Stahl- und Temperguß. 3. Aufl. Von E. Kothny 24
Die Baustähle für den Maschinen- und Fahrzeugbau. Von K. Krekeler 75
Die Werkzeugstähle. Von H. Herbers 50
Nichteisenmetalle I — Kupfer, Messing, Bronze, Rotguß —. 2. Aufl. Von R. Hinzmann 45
Nichteisenmetalle II — Leichtmetalle —. 2. Aufl. Von R. Hinzmann 53
Härten und Vergüten des Stahles. 6. Aufl. Von H. Herbers 7
Die Praxis der Warmbehandlung des Stahles. 6. Aufl. Von P. Klostermann 8
Elektrowärme in der Eisen- und Metallindustrie. 2. Aufl. Von O. Wundram 69
Brennhärten. 2. Aufl. Von H. W. Grönegreß 89
Hitzehärtbare Kunststoffe — Duroplaste —. Von A. Nielsen † 109
Nichthärtbare Kunststoffe — Thermoplaste —. Von H. Determann 110
Die Brennstoffe. 2. Aufl. Von E. Kothny 32
Öl im Betrieb. 3. Aufl. Von K. Krekeler u. P. Beuerlein 48
Farbspritzen. 2. Aufl. Von R. Klose 49
Anstrichstoffe und Anstrichverfahren. Von R. Klose 103
Rezepte für die Werkstatt. 5. Aufl. Von F. Spitzer 9
Furniere—Sperrholz—Schichtholz I. 2. Aufl. Von J. Bittner 76
Furniere—Sperrholz—Schichtholz II. 2. Aufl. Von L. Klotz 77

II. Spangebende Formung

Die Zerspanbarkeit der Werkstoffe. 3. Aufl. Von K. Krekeler 61
Hartmetalle in der Werkstatt. Von F. W. Leier 62
Gewindeschneiden. 5. Aufl. Von O. M. Müller 1
Bohren. 4. Aufl. Von J. Dinnebier 15
Senken und Reiben. 4. Aufl. Von J. Dinnebier 16
Innenräumen. 3. Aufl. Von A. Schatz 26

(Fortsetzung 3. Umschlagseite)

WERKSTATTBÜCHER
FÜR BETRIEBSANGESTELLTE, KONSTRUKTEURE UND FACH-
ARBEITER. HERAUSGEBER DR.-ING. H. HAAKE, HAMBURG
===== HEFT 111 =====

Härtemessungen in der Werkstatt

Von

Ludwig Hermann VDI
Oberingenieur, Stuttgart

Mit 43 Abbildungen

Springer-Verlag
Berlin/Göttingen/Heidelberg
1953

Vorwort.

Bei den vielseitigen Konstruktionen der Technik werden Werkstoffe benötigt, deren Eigenschaften sehr unterschiedlich sind. Für sichere und dauernde Funktion der Konstruktionen ist es wichtig, daß die erprobten oder errechneten, kurz die vorgesehenen Eigenschaften der Werkstoffe auch vorhanden sind. Ein einfaches Verfahren, eine der wichtigsten Eigenschaften der Baustoffe zerstörungsfrei festzustellen, ist die Härtemessung. Wenn auch die Härte nicht unter allen Umständen ein Maß für die Festigkeit eines Stoffes ist, so wird sie doch wegen der einfachen und raschen Meßmöglichkeit an deren Stelle gemessen; nicht zuletzt, weil dies zerstörungsfrei sowohl an großen als auch an kleinen Teilen durchgeführt werden kann.

Entsprechend der Vielfalt der Stoffe und ihrer speziellen Eigenschaften ist im Laufe der Zeit auch eine Vielfalt von Meßgeräten entstanden, eine Vielfalt, die — wie auf vielen Gebieten unserer hochgezüchteten Technik — nur noch von den Experten zu übersehen ist. Aber nicht nur die Vielfalt der Geräte, auch ihre speziellen Anwendungsgebiete machen dem einfachen Mann in der Praxis — auch dem Ingenieur — Schwierigkeiten.

In unseren Fabriken, Werkstätten und Laboratorien finden Härteprüfgeräte immer mehr Eingang und sollten es noch mehr, weil damit gewährleistet werden kann, daß vorgesehene Eigenschaften auch vorliegen, und weil infolgedessen der Konstrukteur die Stoffe voll ausnützen kann. Der Verfasser hat aber die Erfahrung gemacht, daß diese Geräte, die hochgezüchtete Feinmeßinstrumente sind, in der Werkstatt nicht so behandelt werden, wie es notwendig wäre, weil das Verstehen, die Kenntnis der Funktion, fehlt. Hier dem Betriebsmann und dem Betriebsleiter, dem Betriebsingenieur, aber auch dem Konstrukteur Hinweise und Aufklärung zu geben, ist der Zweck der Schrift. Die Pflege und Funktion der Geräte und die mögliche Genauigkeit, über die manchmal recht ungenügende Vorstellungen bestehen, werden beschrieben. Die z. Zt. für die Werkstatt noch weniger geeigneten Verfahren sind nur kurz erwähnt und nur insoweit behandelt, als etwa dem planenden Betriebsingenieur vorhandene Möglichkeiten angedeutet werden können.

Auf Grund seiner eigenen Erfahrungen in einem der größten feinmechanischen Betriebe Deutschlands und im Hinblick auf die Wichtigkeit zuverlässiger Härtemessungen möchte der Verfasser diese Schrift jedem, der mit diesen Fragen zu tun hat, empfehlen, in der Überzeugung, daß sich in den meisten Fällen noch etwas an Meßgenauigkeit, an Meßgeschwindigkeit oder Aufwand gewinnen läßt[1].

I. Einleitung.

1. Grundlegende Forderungen.

Als Härte bezeichnet man den Widerstand, welchen ein Körper dem Eindringen eines anderen (härteren) entgegensetzt. Eine einfache Härteprüfung ist z. B. das Ritzen eines Gegenstandes mit dem Fingernagel, sie genügt aber höheren Ansprüchen nicht. Nicht jeder Fingernagel wird gleich hart sein; außerdem wird das Ergebnis auch von dem aufgewendeten Druck abhängen. Daraus ergeben sich die *grundlegenden Forderungen* jeder Härtemessung:

1. Die Härte des Meßkörpers (Prüf- oder Eindringkörpers) muß bekannt und definiert sein.

---

[1] Wer sich über die Materie eingehender unterrichten will, sei auf das 1952 im Hanser-Verlag, München, erschienene Werk „Technische Härtemessungen" von Regierungsrat Dr. v. Weingraber verwiesen. Dieses enthält auch ein umfangreiches Schrifttumsverzeichnis.

2. Der Druck beim Messen muß bestimmt und gleichmäßig sein.
3. Die Form des Meßkörpers muß definiert sein und sich während der Messung nicht verändern.
4. Der Eindruck muß ausgemessen werden können.

2. Die Mohssche Härteskala.

Man hat in den Frühzeiten der Technik bereits eine Härteskala aufgestellt, in der natürliche Stoffe so geordnet waren, daß immer der nächste den vorhergehenden gerade ritzte. Diese *Mohssche Härteskala* war:

Talk — Gips — Kalkspat — Flußspat — Apatit — Feldspat — Quarz — Topas — Korund — Diamant.

Mit dieser Skala kann man zwar angeben, ob ein Stoff etwa die Härte von Quarz unterschreitet, man kann aber noch keine anspruchsvolleren Messungen machen. Dazu sind die im 1. Abschnitt genannten Bedingungen zu erfüllen.

3. Begriff der Härte.

Als *Härte* betrachtet man den *Widerstand, den ein Körper dem Eindringen eines anderen, härteren, entgegensetzt.* Dabei muß also mindestens der weichere *Prüfling* verformt werden. Man kann also einen harten Körper um einen gewissen Betrag in den zu prüfenden, weicheren, hineindrücken und die dazu nötige Kraft messen. In der Regel aber wird man den einfacheren Weg gehen, indem man mit bestimmter konstanter Last drückt und die Größe oder die Tiefe des Eindrucks mißt.

4. Zweck einer Härtemessung.

Man hat bald erkannt, daß die Härte ein Maß ist, für manche Stoffeigenschaften in erster Linie für die Festigkeit. Für Verformbarkeit, Zerspanbarkeit (?), Schneidfähigkeit, Abnützungsbeständigkeit und ähnliche gibt die Härte einen gewissen Anhalt. Natürlich kann eine Härtemessung keine endgültige und eindeutige Aussage über alle diese Eigenschaften machen; sie kann jedoch einen orientierenden Aufschluß geben, insbesondere dann, wenn es sich um wiederkehrende Vergleiche handelt. Infolge ihrer Einfachheit erlaubt sie 100%ige zerstörungsfreie Prüfungen, wodurch ein hohes Maß an Sicherheit gewährleistet werden kann.

Wenn man kleinste Stoffproben untersuchen will, oder die Eigenschaften kleiner Werkstücke, bleibt oft gar nichts anderes übrig, als die Härtemessung, insbesondere, wenn das Werkstück nicht zerstört werden darf. Die Härtemessung dient längst nicht mehr nur dazu, festzustellen, wie *hart* ein Stoff ist; sie ist infolge ihrer außerordentlichen Einfachheit und Vielgestaltigkeit zum Instrument einer umfangreichen Technik geworden. Der einfachste Fall der Anwendung ist, festzustellen, ob der Prüfling aus dem vorgeschriebenen *Material* besteht oder ob er der richtigen *Härtung* unterzogen wurde.

Man kann mit einer Härtemessung auch z. B. die Spannungen, die durch Verformen eines Teiles entstanden sind, durch Messen der „Verhärtung" feststellen. Ein solches Teil wird an den Stellen seiner größten Verformung auch die größte Härtezunahme aufweisen.

An einem Ziehteil kann man auf diese Weise den Ort der größten Verformung und stärksten Beanspruchung finden und damit das Ziehwerkzeug korrigieren.

Man kann durch Härtemessung an einem unter Spannung stehenden Teil Rückschlüsse auf die Höhe dieser Spannung ziehen und damit auch die Spannungsverteilung auf der Oberfläche des Teiles bestimmen.

Mit Kleinlast-Härteprüfern kann man feststellen, ob beim Schleifen eines Teiles, infolge zu starker Erhitzung der Oberfläche, ein Ausglühen stattgefunden hat, auch wenn dies nur einige μ (1 μ = 1/1000 mm) tief erfolgte. Ebenso kann man auf diese Weise etwaige feine Risse finden, die von der Schleifscheibe möglicherweise zugeschmiert sind, so daß sie optisch überhaupt nicht in Erscheinung treten. Auch Risse, die so fein sind, daß sie mit den üblichen Magnetpulververfahren nicht mehr gefunden werden, lassen sich so noch eindeutig nachweisen.

Man kann die Härte einzelner Gußbestandteile messen und aufschlußreiche Einblicke in den Gefügeaufbau gewinnen. Es ist daher verständlich, daß sich die Härtemessung als besondere Technik immer mehr einführt.

5. Das Zerreißdiagramm.

Es sei zum Verständnis der Zusammenhänge in groben Zügen der Vorgang beim Verformen — *Zerreißen* — eines Stoffes, am Beispiel des Stahls, klargemacht (Abb. 1). Belastet man einen Zerreißstab mit steigender Last, dann längt er sich unter derselben, zunächst genau proportional mit ihr, also bis zum Punkt E (= Elastizitätsgrenze). Wenn man die Last wieder wegnimmt, wird die Länge auch wieder auf das ursprüngliche Maß zurückgehen. Diese *elastische Längung* hört kurz über Punkt E auf. Steigert man die Last weiter, dann tritt eine immer größer werdende *bleibende Längung* ein. Beim Punkt So (= obere Streckgrenze, auch Fließgrenze) beginnt der Stoff zu fließen (nicht spröde Stoffe). Er längt sich selbst dann noch weiter, wenn man die Last etwas verringert. Durch dieses Fließen findet eine gewisse Verfestigung statt, es hört deshalb nach Erreichen des Gleichgewichtes zwischen Belastung und Festigkeit wieder auf (Su = untere Streckgrenze). Eine weitere Steigerung der Last bewirkt eine immer weitergehende, bleibende Längung bis zum Punkt B (= Bruchfestigkeit). Zunächst findet aber noch kein Brechen statt, sondern ein Einschnüren, also ein weiteres Fließen, wodurch an dem kleiner gewordenen Querschnitt zwar ebenfalls wieder eine Verfestigung eintritt, aber doch infolge des kleineren Querschnitts eine geringere Gesamtlast getragen werden kann. Nimmt man die Last nicht im genügenden Umfange weg, dann tritt zuletzt beim Punkt Z (= Zerreißspannung) der Bruch ein.

Das Diagramm der *Druckbelastung* sieht ähnlich aus.

6. Der Vorgang bei der Härtemessung.

Bei den meisten Härtemessungen findet am Prüfpunkt ebenfalls eine bleibende Verformung des Prüflings statt. Wir haben beim Aufsetzen der Last die gleichen Vorgänge wie beim Zerreiß- oder beim Druck-Versuch:

1. Zunächst elastische, proportionale Verformung.
2. Fließen und Verfestigen.
3. Langsam immer größer werdende, bleibende Verformung.
4. Gegenüber dem Vorgang beim Zerreißen eines Stabes findet beim Härtemessen infolge des *Fließens* keine Verkleinerung des tragenden Querschnitts statt, sondern ähnlich wie beim Druckversuch eine Vergrößerung. Infolgedessen stellt sich an einem bestimmten Punkt ein Gleichgewichtszustand ein, das Fließen hört auf.

Welcher von den zwei Anteilen, elastische Verformung oder Fließen, jeweils der größere ist, hängt davon ab,

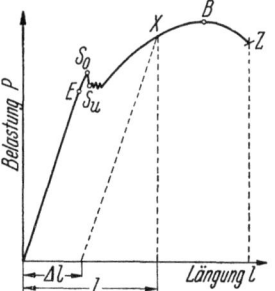

Abb. 1. Spannungs-Dehnungs-Schaubild für weichen Stahl.

wie hoch die spezifische Belastung ist und welche Charakteristik der Stoff hat. Abb. 1 zeigt die Charakteristik des Zugversuches eines weichen Stahls.

In Abb. 2 ist das Zerreiß-Diagramm für Gußeisen aufgezeichnet, hier gibt es keinen Fließvorgang, man wird bei einer Härtemessung auch geringere Eindrucktiefen bekommen, also eine höhere *Härte* messen. Dennoch ist aber die *Festigkeit* nicht höher. Beim spröden Gußeisen tritt auch kein Verfestigen auf, sondern bei einer bestimmten Grenze erfolgt nach geringer bleibender Verformung unvermittelt der Bruch. Da bei der Härteprüfung mit bleibenden Eindrücken immer eine bleibende Verformung erzwungen wird, entsteht bei derartigen spröden Werkstoffen auch leicht ein feines Anreißen an der Eindruckstelle.

Die Form der Zerreißkurven hängt im übrigen z. T. auch von der Belastungsgeschwindigkeit ab. Aus diesem Grunde ist diese auch bei den Härtemessungen von Bedeutung.

Liegt die Elastizitätsgrenze an einem Stoff sehr hoch — bei gleicher Bruchfestigkeit verhältnismäßig höher als bei einem anderen —, dann wird auch ein größerer Teil der (gleichen) Gesamtlast elastisch aufgenommen. Zur Erzeugung des bleibenden Eindruckes steht also nur noch ein kleinerer Teil der Last zur Verfügung. Der bleibende Eindruck wird bei diesem *elastischeren* Stoff entsprechend kleiner sein; wohlgemerkt bei gleicher Bruchfestigkeit. Man wird, da der bleibende Eindruck gemessen wird, den Stoff daher als härter messen. Hieraus folgt, daß die *Eindringhärte* nur innerhalb einer gleichen Stoffart ein Maß für die Bruchfestigkeit sein kann und daß jede Stoffart ihren eigenen *Umrechnungsfaktor* von der *Härte* zur *Festigkeit* haben muß.

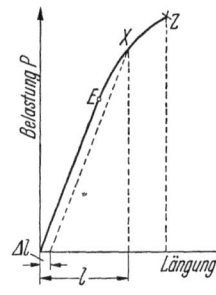

Abb. 2. Zerreiß-Schaubild für Gußeisen.

Dieser Umrechnungsfaktor (Abschnitt X 1, S. 47) kann auch nur insoweit stimmen, als die gerade zu betrachtende Probe den für die Stoffgruppe angenommenen Verlauf der Spannungs-Dehnungs-Kennlinie hat. Untereinander vergleichbar sind also nur gleiche Stoffe, die nach dem gleichen Verfahren geprüft sind. In jedem anderen Fall ist der Vergleich oder die Umrechnung mit Risiken und Fehlern behaftet. Es ist zu bemerken, daß also demnach die *Härte* wenig über die *Elastizität* aussagt, man macht aber damit keinen größeren Fehler, als wenn man den Stoff nur nach seiner Zugfestigkeit beurteilt, ohne seine Dehngrenze zu kennen. Es wurde schon gesagt, daß durch das „Fließen" auch eine Verfestigung und somit auch eine Härtesteigerung

entsteht. Man wird daher bei solchen „fließenden" Stoffen auch eine höhere Härte messen, als sie tatsächlich haben[1].

7. Die verschiedenen Prüfverfahren[2].

Man unterscheidet:

1. Statische Prüfverfahren, solche sind:

Brinell-Prüfung, Vickers-Prüfung, Rockwell-Prüfung und deren verschiedene Abarten, Ritzhärteprüfung.

---

[1] Da im allgemeinen eine Konstruktion keine bleibende Verformung erlaubt, sollte der Errechnung nicht die Festigkeit des Stoffes, sondern die Dehngrenze zugrunde gelegt werden. Diese ist aber schwieriger zu ermitteln. Würde man die Härteprüfgeräte nicht so konstruieren, daß man die bleibende Verformung mißt, sondern die elastische, dann könnte damit dieser bessere Wert gemessen werden. Solche Konstruktionen sind denkbar; ob sie schon versucht worden sind, ist dem Verfasser nicht bekannt.

[2] Soweit die Prüfverfahren genormt sind, sind in diesem Buche die Normblätter genannt und auch Werte aus den Normblättern angegeben. Maßgebend ist jeweils die neueste Ausgabe des betreffenden Normblattes, die vom Beuth-Vertrieb, Berlin W 15 oder Köln, zu beziehen ist.

2. Dynamische Verfahren, solche sind:
Schlag-Härteprüfer, Rückprall-Härteprüfer.

3. Elektrische Verfahren. Diese benützen (bei Stahl) gewisse Zusammenhänge zwischen der mechanischen Härte und den elektrischen oder magnetischen Eigenschaften.

II. Die Brinellprüfung.
(DIN 50351 Kugeldruckverfahren).

1. Grundlage.

Der Schwede BRINELL hat folgendes Verfahren im Jahre 1900 auf der Pariser Weltausstellung angegeben: Eine gehärtete Stahlkugel[1] (Durchmesser $= D$ mm) wird mit einer bestimmten Last (P_N) in den Prüfling hineingedrückt (Abb. 3), der in diesem hinterlassene Eindruck (Durchmesser $= d$ mm) ist ein Maß für die Härte des Prüflings oder besser des *Formänderungswiderstandes*.

Man kann für die Belastung jede Presse verwenden, die eine genaue Messung des Druckes gestattet, etwa eine Zerreißmaschine, unter gewissen Voraussetzungen sogar einen gewöhnlichen Schraubstock.

Zur Durchführung der Messung benötigt man weiterhin nur noch eine geeignete Kugel und eine Lupe oder ein Mikroskop zum Ausmessen des Eindruckdurchmessers.

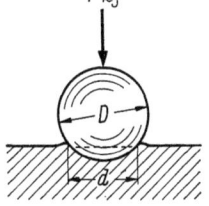

Abb. 3. Grundlage des Brinell-Verfahrens*. D Kugeldurchmesser; d Eindruckdurchmesser.

Das Verfahren ist also sehr einfach. Sein weiterer und entscheidender Vorteil ist, daß es errechenbare und genau definierte Härtezahlen liefert.

2. Definition.

Die Brinell-Härte (HB) ist definiert durch das Verhältnis der *Prüflast zur Oberfläche* des hinterlassenen Eindruckes[2]:

$$HB = \frac{\text{Prüflast (kg)}}{\text{Oberfläche (mm}^2\text{)}} = \frac{P}{F} = \frac{P}{1/2 \cdot \pi \cdot D (D - \sqrt{D^2 - d^2})}$$

3. Die verschiedenen Prüfstufen.

Ursprünglich hat BRINELL eine Prüflast von 3000 kg und eine Stahlkugel von 10 mm Durchmesser verwendet. In vielen Fällen ist diese Belastung zu groß, etwa bei kleinen oder dünnen Teilen. Auch ergibt das angewendete Verhältnis $P = 30 D^2$ für weiche Stoffe eine zu große Eindrucktiefe bzw. ein zu ungünstiges Verhältnis des Eindruck-Durchmessers zur Eindrucktiefe und damit ungenaue Messungen. Man hat deshalb in DIN 50351 noch andere Belastungsgrade und damit andere Lasten und andere Kugeldurchmesser genormt. Die Norm sieht drei Kugeldurchmesser vor: 10 mm, 5 mm und 2,5 mm; Toleranz $\pm 0,5\%$, sowie 6 „Belastungsgrade" und zwar:

$$30 D^2, \ 10 D^2, \ 5 D^2, \ 2,5 D^2, \ 1,25 D^2 \text{ und } 0,5 D^2$$

---

* Wie im Text an anderer Stelle und auch in der späteren Abb. 10 gezeigt wird, muß man sich darüber klar sein, daß der Werkstoff durch die Brinellkugel plastisch verformt wird. Der verdrängte Werkstoff kann nicht im Innern des Werkstückes verschwinden. Er muß also an irgend einer Stelle hervorkommen, entweder als unmittelbar an den Eindruck angrenzender oder als flacher, in einigem Abstand von dem Eindruck verlaufender Wulst.

[1] Härte der Stahlkugel selbst s. Abschn. II 3, S. 15.
[2] Man beachte: kg/mm² ist hier nicht eine Festigkeit. Die mm² sind eine Oberfläche, kein Querschnitt.

Die Brinellprüfung.

(Unter Belastungsgrad versteht man das Verhältnis $P:D^2$.) Daraus ergeben sich $6 \cdot 3 = 18$ verschiedene Prüfmöglichkeiten mit 18 verschiedenen Prüflasten.
In Tabelle 1 sind die 18 genormten Möglichkeiten aufgeführt. Daneben sind noch 12 weitere in Sonderfällen hin und wieder angewendete Kugeldurchmesser und Lasten angegeben. Diese kleineren Kugeln und Lasten werden angewendet für Zwecke, die mehr und mehr in den letzten Jahren durch die Vickersprüfung ersetzt werden.

Tabelle 1. *Die verschiedenen Brinellprüfstufen und -prüflasten (kg).*
(Die drei ersten Zeilen sind genormt.)

Kugeldurch- messer D mm	Belastungsgrade					
	$30\,D^2$	$10\,D^2$	$5\,D^2$	$2,5\,D^2$	$1,25\,D^2$	$0,5\,D^2$
10	3000*)	1000	500	250	125	50
5	750	250	125	62,5	31,25	12,5
2,5	187,5	62,5	31,25	15,625	7,8125	3,125
1,25	46,9	15,6	7,81	3.91	—	—
1,00	30	10	5	2,5	—	—
0,625	11,7	3,91	1,953	0,977	—	—
Verwendung	Stahl und Gußeisen	Nichteisen- metalle Messing und verg. Alu-Leg.	Geglühte Alu-Leg.	Lager- metalle	weiche Werkstoffe, z.B. Blei	
Brinell-Härte kg/mm²	143—450	47,5—315	23,8—158	11,9—78,8	*) = Regelversuch mit Härtezahl H_N	

4. Bezeichnung.

In DIN 50351 ist auch die Bezeichnung für die verschiedenen Prüfstufen innerhalb des Brinell-Verfahrens genormt. Hinter dem Zeichen HB = *H*ärte nach *B*rinell wird der Belastungsgrad angegeben, also z.B. HB 30; sodann hinter einem Schrägstrich der Kugeldurchmesser in mm und weiter hinter einem Bindestrich die Belastungsdauer in Sekunden; die beiden letzten nur, wenn eine andere Kugel als 10 mm und eine andere Belastungsdauer als 10 s verwendet wurden. Hinter diesen Kurzzeichen für die angewendete Prüfstufe wird nach Gleichheitsstrichen der ermittelte Härtewert genannt. HB 30/5—25 = 250 bedeutet also, daß eine Brinell-Prüfung mit Belastungsgrad 30 und einer 5 mm-Kugel bei einer Belastungsdauer von 25 s eine Härte von 250 kg/mm² ergab[1]. Die Last war bei dieser Prüfung

$$P = 30 \cdot D^2 = 30 \cdot 25 = 750 \text{ kg.}$$

5. Wahl des Belastungsgrades und der -stufen.

Nach der Norm sind die Belastungen und Kugeln so zu wählen, daß der Durchmesser des verbleibenden Eindruckes

$$d = 0{,}2\,D \text{ bis } 0{,}7\,D$$

wird. Besser ist $d = 0{,}2$ bis $0{,}5\,D$, in diesen Grenzen sind die Härtewerte praktisch gleich. In der Regel wird Stahl mit Belastungsgrad 30 geprüft. Weichere Stoffe, bei welchen die Kugel verhältnismäßig tief eindringt, werden mit einem kleineren

---
[1] In der DIN-Norm ist Prüfung mit Stahlkugel vorgesehen. Neuerdings verwendet man häufiger Hartmetallkugeln; mit Stahlkugeln ergeben sich bei Härten > 300 kg/mm² geringere Werte. Es wird daher empfohlen, bei allen Härteangaben für Brinell > 300 auch den Kugelwerkstoff anzugeben, z. B. HB 30/5—25 (Stahlkugel) = 350 kg/mm².

Wahl des Belastungsgrades und der -stufen.

Belastungsgrad, etwa 10 oder 5, geprüft. *Je weicher also die Stoffe werden, desto kleiner müssen die Belastungsgrade werden,* damit Eindrücke entstehen, bei welchen der Eindruckdurchmesser gegenüber der Eindrucktiefe[1] genügend groß wird, bzw. damit die Forderung $d = 0,2 - 0,7\,D$ eingehalten wird.

Je dünner die Teile werden, desto kleiner müssen die Lasten und damit auch die Kugeln werden, damit der Eindruck sich nicht bis auf die Auflage durchdrückt. Bei gleicher Härte verwende man möglichst den gleichen Belastungsgrad, auch wenn man mit Rücksicht auf ein dünnes Teil eine andere Stufe mit kleinerer Last vorzieht. Dies ist der Grund, warum bei der Prüfung von Stahl, die gewöhnlich mit $30\,D^2$ gemacht wird, zuweilen kleinere Kugeln als die genormten verwendet werden.

In Abb. 4 sind für den *gleichbleibenden Belastungsgrad* 30 die Eindruckdurchmesser gezeichnet, die sich bei verschiedenen Härten ergeben, wenn *verschiedene Kugeldurchmesser* (und damit auch verschiedene Lasten) verwendet werden.

In Abb. 5 sind für *gleichbleibende Kugeldurchmesser* die Eindruckdurchmesser gezeichnet, die sich bei verschiedenen Härten ergeben, wenn *verschiedene Belastungsgrade*[2] angewendet werden.

Man sieht aus den Abb. 4—5, daß man zum Messen höherer Härten höhere Belastungsgrade wählen, zum Messen dünnerer Teile (kleinerer Eindruckdurchmesser) kleinere Kugeln verwenden muß. Man sieht aus den beiden Bildern ferner, daß man zum Prüfen gleich harter Teile —

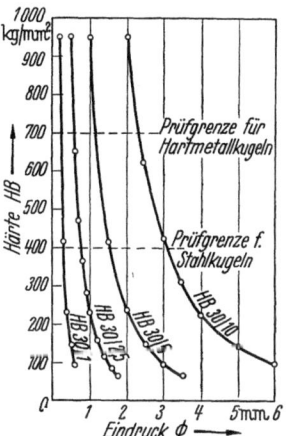

Abb. 4. Brinell-Härtemessungen. Gleichbleibender Belastungsgrad, verschiedener Kugeldurchmesser.

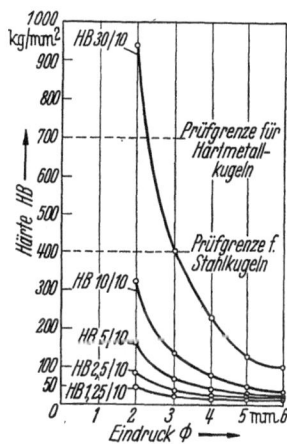

Abb. 5. Brinell-Härtemessungen. Gleichbleibender Kugeldurchmesser, verschiedener Belastungsgrad.

verschiedene Dicke — den gleichen Belastungsgrad verwenden kann, denn die Kurven von Abb. 4 (gleicher Belastungsgrad) beginnen und enden alle bei der gleichen Härte. Zum Prüfen verschiedener Werkstoffe muß man verschiedene Belastungsgrade verwenden (Tabelle 1, S. 8). Die Kurven von Abb. 5 (verschiedene Belastungsgrade) bestreichen nur jeweils einen beschränkten Härtebereich. Gewisse Härtebereiche lassen die Wahl zwischen zwei Belastungsgraden.

Will man etwa ein Teil prüfen, bei dem man die Härte $HB = 350$ vermutet, so kommt dafür gemäß Abb. 5 nur der Belastungsgrad 30 in Frage, da Belastungsgrad 10 bereits zu kleine Eindrücke (unter $0,2\,D$) ergeben würde. Welche Last und welchen Kugeldurchmesser man verwendet, spielt zunächst keine Rolle.

---

[1] Wir sagen in diesem Heft „Eindrucktiefe", an Stelle des sonst, z. B. im Werkstoffhandbuch, gebräuchlichen Ausdrucks „Eindringtiefe". Der Eindruck ist das, was nachher ausgemessen werden kann. Die „Eindringtiefe" bzw. die Wirkung des Eindringkörpers geht tiefer als der Eindruck. Allerdings ist der Unterschied zwischen Eindringtiefe und Eindrucktiefe gering.

[2] Die in Abb. 5 gezeigten Kurven bleiben dieselben ohne Rücksicht darauf, für welchen Kugeldurchmesser man sie zeichnet, sofern man den Maßstab für den Eindruckdurchmesser im Verhältnis der Kugeldurchmesser kleiner macht.

6. Stärke des Prüflings.

Es besteht nun noch die Forderung, daß der Eindruck sich nicht auf der Rückseite des Prüflings abzeichnen darf. Als Faustformel kann man annehmen, daß bei harten Teilen deshalb die *Dicke des Teiles mindestens ebenso groß* sein soll, *wie der Eindruckdurchmesser* (= rd. das Fünffache der Eindrucktiefe). Bei weichen Teilen (Guß geglüht, Buntmetalle) muß die Dicke des Prüflings mindestens das 1,5fache des Eindruckdurchmessers sein (rd. das 10fache der Eindrucktiefe — Abb. 6).

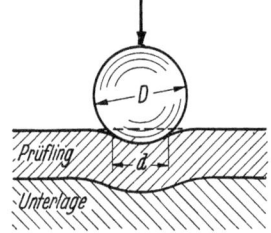

Abb. 6. Durchdrücken eines zu dünnen Teiles auf weicher Unterlage.

Die Mindestdicke eines Teiles errechnet sich unter Annahme der 10fachen Eindrucktiefe aus folgender Formel:

$$S \min = \frac{3{,}18 \cdot P}{H \cdot D}$$

oder wenn die Dicke gegeben ist:

$$P \max = \frac{H \cdot D \cdot S}{3{,}18}$$

(P = Last in kg, H = Brinellhärte kg/mm², D = Kugeldurchmesser in mm, S = Dicke in mm).

Dementsprechend muß auch der *Durchmesser eines zylindrischen Teiles* mindestens 1,5 d sein, besser aber wegen des Meßfehlers auf dem Zylinder mindestens 3 d (Abb. 7).

Zur Errechnung der höchstzulässigen Prüflast bei gegebener Härte und gegebenem Zylinderdurchmesser (Z) dient dann die Formel:

$$P \text{ (kg)} = \frac{H \cdot D \cdot Z}{6{,}36}$$

(Z = Zylinderdurchmesser in mm, H = Brinellhärte, D = Kugeldurchmesser).

Bei Verwendung von HB 30, also 3000 kg Last und 10 mm-Kugel, ist für das Beispiel aus Abschn. 5 (HB = 350) ein Eindruck von 3 mm Durchmesser zu erwarten (Abb. 4 u. 5). Da HB = 350 ein hartes Teil ist, genügt es, wenn es über 3 mm dick ist. Wäre das Teil aber nur 1 mm dick, dann dürfte auch kein größerer Eindruck als 1 mm Durchmesser entstehen. Gemäß Abb. 4 müßte man, um dies zu erreichen, nach HB 30/2,5, also mit 2,5 mm-Kugel und entsprechend mit $30 \cdot 2{,}5^2 = 187{,}5$ kg Last prüfen. Im Handel befindliche Werkstattgeräte arbeiten vorzugsweise mit dieser Stufe. Damit können also ohne weiteres dickere Teile geprüft werden, aber keine dünneren als etwa 1 mm. Sind die Teile noch dünner als 1 mm, dann muß man noch kleinere Kugeldurchmesser, etwa 1 mm, verwenden. In Abb. 4 ist eine Kurve für 1 mm-Kugel gezeichnet.

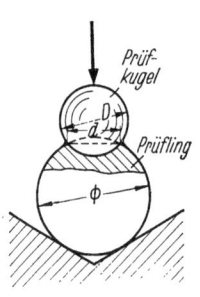

Abb. 7. Brinell-Härtemessung auf zylindrischen Teilen.

Will man ein weiches Teil messen, etwa mit der Härte HB = 50, z. B. Aluminium-Guß, dann kommt gemäß Abb. 5 der Belastungsgrad 10 oder 5 in Frage. Für den Belastungsgrad 10 wird man etwa die 5 mm-Kugel wählen (also HB 10/5) und damit eine Last von $10 \cdot 5^2 = 250$ kg nehmen müssen. Damit bekommt man einen Eindruckdurchmesser von etwa 2,5 mm. Für ein weiches Teil gilt nun, daß es 1,5 · d dick sein soll, in unserem Falle also mindestens 3,75 mm. Ist das Teil schwächer, so muß ein kleinerer Eindruckdurchmesser gesucht werden. Dies würde z. B. mit dem Belastungsgrad 5 erreicht, bei dem mit der 5 mm-Kugel ein Eindruckdurchmesser von nur 2 mm entstehen würde. Dasselbe kann auch unter Beibehaltung des Belastungsgrades 10 bei Verwendung einer kleineren Kugel und damit kleineren Last erreicht werden; also etwa bei Belastungsgrad 10 und 2,5 mm-Kugel würde ein Eindruck von 1,25 mm Durchmesser entstehen. Man könnte also damit Teile bis zu einer Dicke von rd. 2 mm prüfen.

Zur rascheren Bestimmung der kleinstzulässigen Stoffdicken dient Abb. 8.

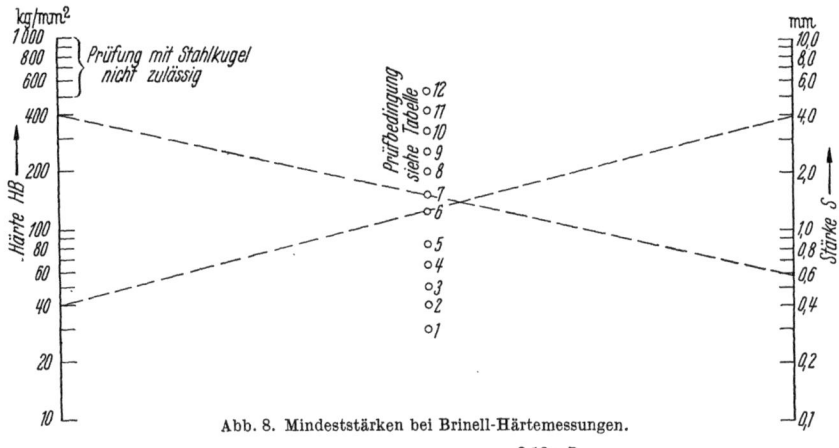

Abb. 8. Mindeststärken bei Brinell-Härtemessungen.

$$s_{\min} \geq 10 \text{ mal Eindrucktiefe} \geq \frac{3{,}18 \cdot P}{1+D}$$

Beispiel: Für HB = 400, zu prüfen mit 1,25 mm-Kugel und 30 D^2-Last (Punkt 7), gilt eine Mindeststärke von 0,6 mm.
Für HB = 40, zu prüfen mit 5 mm-Kugel u. 5 D^2-Last (Punkt 6), ergibt sich eine Mindeststärke von 4 mm.

Tabelle der Prüfbedingungen:

Belastungsgrade 30 10 5 2,5												Kugeldurchmesser
	0,625	1,25 0,625	2,5 1,25 0,625	5 2,5 1,25 0,625		10 5 2,5 1,25		10 5 2,5		10 5	10	
Prüfungsbedingung	1	2	3	4	5	6	7	8	9	10	11	12

Links sind die zu prüfenden Härten, rechts die kleinsten zulässigen Dicken aufgezeichnet, in der Mitte die Prüfbedingungen. (Der Übersichtlichkeit wegen nur mit Nummern versehen und in getrennter Tabelle dargestellt.)

Will man wissen, welche Belastung zulässig ist, dann verbindet man die beiden Punkte Härte und Dicke; es sind dann alle Belastungen zulässig, die unter dem Schnittpunkt mit der Belastungsskala liegen, also alle niedrigeren Punktwerte.

Hat man eine bestimmte Härte und eine bestimmte Belastung und will wissen, bis zu welcher Stoffdicke man damit prüfen darf, dann verbindet man den Härtewert mit der vorgesehenen Prüfbedingung. Dann können damit alle Dicken geprüft werden, die über dem Schnittpunkt der Verbindungslinie mit der Dickenskala liegen.

Manchmal wird nach der Eindrucktiefe gefragt. Man kann sich diese aus der folgenden Formel errechnen:

$$t = \frac{D}{2} - \frac{1}{2}\sqrt{D^2 - d^2}$$

$t =$ Eindrucktiefe, $D =$ Kugeldurchmesser, $d =$ Eindruckdurchmesser.

Man kann roh rechnen $t = d/10$. Tatsächlich schwankt die Eindrucktiefe aber zwischen

$$t = d/5 \text{ bis } t = d/17.$$

Bei den gebräuchlichen Verfahren treten Eindrucktiefen von 0,03 bis 1,4 mm auf (s. auch Abb. 21, S. 22).

7. Änderung des Belastungsgrades.

Da man also für dünnere Teile kleinere Lasten verwenden muß, sucht man, um eine jedesmalige Umstellung der Geräte zu vermeiden, auch dickere Teile mit der kleineren Last zu messen; das ist an sich zulässig, man muß aber berücksichtigen, daß mit kleineren Lasten die Meßungenauigkeiten größer werden. Man geht daher nicht ohne Not weiter herunter, als sein muß.

Zu beachten ist ferner, daß bei Anwendung eines anderen Belastungsgrades die ermittelten Härtewerte nicht mehr genau vergleichbar sind. Man soll daher den Belastungsgrad für ein und denselben Stoff nicht wechseln. Abb. 4 zeigt, daß man innerhalb desselben Belastungsgrades mit kleineren Kugeln einen steileren Verlauf der Kurven bekommt. Man muß also nicht nur einen kleineren Eindruck, sondern diesen auch relativ genauer messen. Immerhin ist aus den Kurven zu ersehen, daß man etwa mit der 2,5 mm-Kugel bei HB 30/2,5 den Härtebereich von etwa 70 bis zur obersten zulässigen Grenze messen kann. Deshalb wird die 2,5 mm-Kugel sehr häufig verwendet. In Abb. 9 ist an einigen Beispielen gezeigt, wie sich die gemessenen Härtewerte mit den Prüfbedingungen ändern.

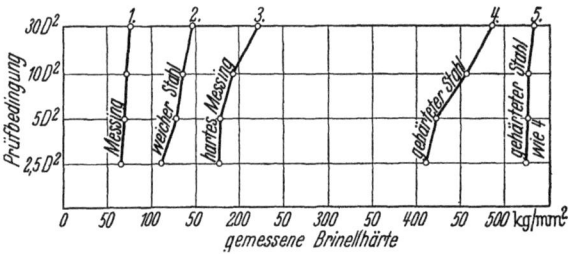

Abb. 9. Brinellhärte bei verschiedenen Prüfbedingungen. 1 bis 4 geprüft mit 10 mm-Stahlkugel, 5 geprüft mit 10 mm-Hartmetallkugel. Man sieht, daß mit höherem Belastungsgrad die gemessene Härte größer wird. Dies ist auf die zunehmende Abplattung der Kugel zurückzuführen. Wie stark sich diese bei harten Teilen auswirkt, zeigt der Vergleich der Werte von Kurve 4 und 5, die am selben Teil ermittelt wurden.

Ein weiterer Umstand spricht trotz der geringeren Genauigkeit für die kleinere Last. Bei großen und tiefen Eindrücken treten unter Umständen bei spröden Werkstoffen am Eindruck Anrisse auf, die zu Schädigungen des Teiles führen können.

Eine kleine Kugel ist jedoch nicht zulässig bei porösen, grobkörnigen oder wenig homogenen Stoffen, weil man hier, um einen guten Durchschnittswert zu bekommen, ein möglichst großes Volumen zur Messung heranziehen muß.

8. Auswertung des Eindruckes.

Der *Eindruckdurchmesser* wird in hundertstel mm angegeben und mit dem Mikroskop oder der Brinell-Lupe ausgemessen.

Die Brinell-Lupe hat einen eingeätzten Strichmaßstab. Der Nullpunkt des Maßstabes wird auf den einen Rand des Eindruckes eingestellt und auf der gegenüberliegenden Seite desselben sein Durchmesser abgelesen. Die Vergrößerung ist 10- oder 20fach. Eine andere Form der Brinell-Lupe ist die Evolventen-Brinell-Lupe. Bei ihr wird die eine Kante des Eindruckes an einer Nullkante der Lupe angeschlagen, die gegenüberliegende Kante des Eindruckes sodann mit einer durch Drehen verstellbaren Meßkante zur Deckung gebracht. Diese Meßkante liegt als Evolvente auf einer drehbaren Scheibe. Der Drehwinkel dieser Meßscheibe ist ein

Maß für den Eindruck-Durchmesser. Man kann neben den Durchmesser-Maßen gleich die Härtezahlen angeben, wodurch sich ein sehr rasches Arbeiten ergibt. Natürlich läßt sich auf einer so kleinen Meßscheibe keine umfangreiche, vollständige und genaue Tabelle anbringen.

Bei modernen Geräten wird eine Projektionseinrichtung verwendet, die den Eindruck, ohne daß das Teil aus dem Gerät genommen werden muß, auf eine Mattscheibe projiziert. Dort kann der Eindruck-Durchmesser mit einem Maßstab leicht und schnell ausgemessen werden. Auch gibt es Meßuhr-Mikroskope, bei welchen eine Strichmarke auf die Ränder des Eindruckes eingestellt wird und der Durchmesser an einer Meßuhr abgelesen werden kann.

In dem Sonderfall der Rb-Messung (s. S. 30) wird statt des Eindruck-Durchmessers die Eindrucktiefe mittels Meßuhr gemessen.

Aus dem abgelesenen Eindruck-Durchmesser kann man nach der in Abschn. II 2 (S. 7) angegebenen Formel die Brinellhärte HB errechnen. In der Regel aber wird man sie aus Tabellen ablesen; solche Tabellen werden gewöhnlich von den Herstellern der Härte-Prüfgeräte mitgeliefert.

Maßgebend ist der *Mittelwert* aus zwei Eindrücken. Da infolge etwas schief liegender Prüfstücke und aus anderen Gründen auch ein unrunder Eindruck entstehen kann, muß man, wenn man genau arbeiten will, D in zwei aufeinander senkrechten Richtungen messen. Stark faserige Werkstoffe, Walz- und auch Preßstücke ergeben etwas elliptische Eindrücke. Man muß darauf achten, daß man die beiden Achsen der Ellipse mißt. Ihr Mittelwert ergibt zwar nicht ganz genau den richtigen Härtewert, doch genügt im allgemeinen die so erzielte Genauigkeit. Man könnte in diesen Fällen daran denken, aus mehreren Eindrücken die Durchmesser in Faserrichtung und diejenigen quer dazu getrennt auszuwerten und daraus eine Festigkeit in Faserrichtung und quer dazu anzugeben. Man muß aber dann berücksichtigen, daß jeder der beiden Durchmesser vom anderen beeinflußt ist, der kleinere also kleiner, der größere größer sein müßte.

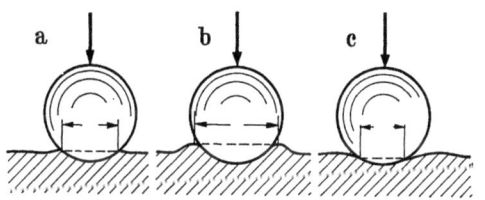

Abb. 10. Verschiedene Form der Eindrücke.
a gut auswertbar; *b* ungenau auswertbar, plastischer Stoff; *c* ungenau auswertbar, sehr zäher Stoff.

Bei manchen Stoffen werden die Ränder unscharf (Wallbildung und Einziehung, s. Abb. 10). So unangenehm diese Erscheinung für das Ausmessen ist, so gibt sie aber doch einen wichtigen Hinweis auf die Art des Stoffes. Man sollte bei wichtigen Messungen und Versuchen daher die Form des Eindruckes angeben, etwa *starker Wall* — oder *stark eingezogen*[1].

Um auch unscharfe Eindrücke noch gut ablesen zu können, kann man die blanke Fläche vor der Prüfung mit einem brennenden Feuerzeug oder ähnlichem anrußen. Man sieht dann nachher die Kugelauflage wesentlich besser. Um gut ablesbare Eindrücke zu bekommen, wird auch folgendes Verfahren empfohlen: Man belastet den Prüfling normal, entlastet dann auf etwa zwei Drittel und *poliert* nun den Eindruck. Hierzu ist die Kugel in einem besonderen Halter befestigt, welcher an einem Griff gedreht werden kann. Solche polierten Eindrücke erlauben ein genaueres Ablesen der Durchmesser. Wie weit bei diesem Verfahren die Eindrucktiefen und Durchmesser beeinflußt werden, ist dem Verfasser nicht bekannt. Das Verfahren dürfte in erster Linie für solche Stoffe in Frage kommen, die keine

---

[1] Es gibt Verfahren und Geräte, welche den Wall mikroskopisch betrachten und seine Struktur zur Beurteilung des Stoffes verwenden.

glänzenden Eindrücke ergeben. Da bei regelmäßiger Anwendung des Verfahrens die Kugel sich abnützt, empfiehlt sich hier ganz besonders eine Hartmetall-Kugel.

9. Die Prüffläche.

Selbstverständlich muß die Prüffläche sauber, blank, glatt und eben sein, damit der Rand des Eindruckes scharf wird und genau abgelesen werden kann; sie soll mit einer Schmirgelleinwand 00 oder 000 abgezogen werden. Auch beeinflußt die Reibung zwischen Kugel und Prüffläche das Ergebnis. Reibung infolge rauher Prüffläche ergibt aber nicht nur zu kleine Eindrücke — also zu hohe Härte, sie ergibt auch höheren Kugelverschleiß. Man achte also sehr auf glatte Prüfflächen; zweckmäßig ist auch eine leichte, hauchdünne *Schmierschicht*.

Besonders bei kleinen Kugel-Durchmessern und damit kleinen Lasten ist auf beste Oberfläche zu achten. Für genaue Messungen muß diese poliert werden. Für Betriebsmessungen mag eine geschliffene Fläche genügen, sofern man nicht zu kleine Lasten verwendet.

10. Angabe der Prüfbedingungen.

Aus dem oben zur Wahl des richtigen Prüfverfahrens Gesagten geht hervor, daß bei einem ungeeigneten Verfahren der Eindruck zu groß oder zu klein werden kann ($d = 0,2$ bis $0,7 D$) oder daß bei dünnen Teilen bereits ein Durchdrücken auf die weichere oder härtere Unterlage auftreten kann, wodurch letztere mitgemessen wird. Es findet aber auch eine Verformung der Kugel statt. Der dadurch entstehende Meßfehler ist bei jedem Belastungsgrad ein anderer (s. Abb. 9). Weiterhin ist, wie bereits gesagt, ein unbestimmter Teil der Last dazu verwendet, die elastische Spannung im Prüfling zu erzeugen. Dieser Anteil ist bei verschiedenen Lasten, bzw. verschiedenen Belastungsgraden, verschieden. Es handelt sich natürlich nicht um sehr große Verschiedenheiten, aber sie sind doch die Ursache für Fehler. Der Meßfehler durch anderen Belastungsgrad kann bei harten Stoffen bis 10%, bei weichen Stoffen bis 25% betragen. Aus diesen Gründen sind die Ergebnisse bei verschiedenen Belastungsgraden nicht gleich. Man darf daher auch nicht in Versuchung kommen, etwa mit anderen Lasten als den genormten zu arbeiten, in der Meinung, daß man ja nachher nach der bekannten Formel die richtige Härte unter Einsetzen der tatsächlichen Last errechnen könne. Es ist deshalb streng darauf zu achten, daß *die angewendeten Prüfbedingungen stets angegeben und auch eingehalten werden* (s. Abschn. II 7). Insbesondere bei größeren Härten (> 300 kg/mm^2) *muß* angegeben werden, ob mit Stahl- oder Hartmetallkugel geprüft wurde.

Auf den Zeichnungs- und Stoff-Vorschriften sollte daher auch nicht nur eine allgemeine, sondern eine *genaue Härteangabe* stehen, mit Angabe der Prüfbedingungen. Für die Werkstatt muß die Angabe auch insofern bindend sein, als sie die Härte *nach den vorgeschriebenen Bedingungen zu prüfen* hat.

11. Belastungsdauer.

Die Belastungsdauer ist mit 10 s genormt. Während dieser Zeit muß die Last in voller Höhe auf dem Prüfling stehen bleiben. Bei weichen und stark fließenden Werkstoffen (z. B. Blei und Zink und deren Legierungen, Stahl (kleiner als) HB = 140) ist eine längere Belastungsdauer — etwa 30 s — zu wählen. Die Belastungsdauer muß so lang sein, bis kein Fließen mehr zu beobachten ist[1]. Bei

---

[1] Bei der klassischen hydraulischen Brinellpresse ist dies leicht am Absinken des Druckes festzustellen. Bei gewichts- und federbelasteten Geräten muß man u. U. mehrere Messungen mit verschiedenen Belastungsdauern machen.

sehr weichen Stoffen kommt ein Stillstand lange nicht zustande, wenn das Prüfgerät nicht völlig erschütterungsfrei aufgestellt ist. Man bekommt in diesem Fall infolge des durch die Stöße verursachten, immer weiter gehenden Fließens einen falschen Wert. Einfluß der Belastungsdauer s. Abb. 11.

Es ist weiter gefordert, daß die Last langsam und stoßfrei innerhalb von ebenfalls 10 s auf den Endwert gesteigert wird. Bei Mengenmessungen im Betrieb sind diese Zeitforderungen nicht angenehm und man wird geneigt sein, rascher zu arbeiten, evtl. unter Berücksichtigung des damit entstehenden Fehlers. Bei härteren Stoffen mag das bis zu einem gewissen Maße zulässig sein, bei weicheren aber ist es gefährlich und mit einer nicht geringen Ungenauigkeit verbunden.

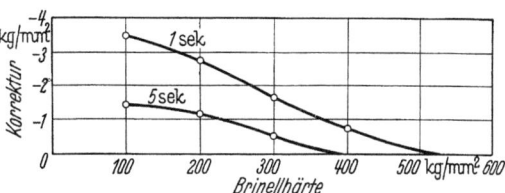

Abb. 11. Falschmessungen der Brinellhärte bei Stahl durch geringere Belastungsdauer.

12. Abstand der Eindrücke.

Um einen Eindruck herum findet ein Wegfließen des Materials statt. Der Werkstoff wird verformt, aber nicht etwa verdichtet. Es tritt, wie bei jeder gewaltsamen Verformung eine Gefügeänderung und damit eine Verfestigung ein. Um Fehlmessungen zu vermeiden, muß deshalb die Eindruckmitte vom Rand des Prüflings oder von einem anderen Eindruck mindestens um den doppelten Eindruck-Durchmesser entfernt sein (Abb. 12).

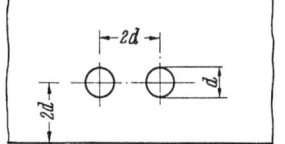

Abb. 12. Abstand der Eindrücke.

13. Die Prüfkugel.

Selbstverständlich darf eine beschädigte Kugel nicht mehr verwendet werden. Ihre Oberfläche muß spiegelglatt sein.

Für die Kugeln ist eine Durchmesser-Toleranz von $\pm 0,5\%$ vorgeschrieben. Mit Rücksicht auf die Abplattung der Kugel und die Zerstörungsgefahr darf mit Stahlkugeln nicht über eine Härte von 450, besser nicht über 350, gemessen werden (DIN 50351 nennt 400 als Grenze). Für höhere Härten verwendet man Hartmetall-Kugeln; damit kann bis zu Härten von 500, ausnahmsweise bis 600, gemessen werden. Die Härte einer Stahlkugel beträgt rd. 650, die einer Hartmetall-Kugel bis 1750 kg/mm². Bei Härten $>HB=300$ sind die Ergebnisse mit Stahl- oder Hartmetallkugel verschieden. Der Unterschied ist etwa wie folgt:

HB (Stahlkugel)	300	400	500	600	—	—
HB (Hartmetallkugel)	302	410	525	660	700	800
HV (Diamantpyramide)...	302	411	530	680	746	920

Eine Kugel ist unbrauchbar, wenn sie matt geworden ist (erhöhte Reibung), oder wenn man etwa mit einer 25fachen Lupe auf ihrer Oberfläche Beschädigungen sieht.

14. Abarten — Hinweise.

Eine Abart des Brinell-Verfahrens ist das *Rockwell-b-Verfahren*, das ebenfalls mit einer Kugel arbeitet, aber die Eindrucktiefe, nicht den Eindruck-Durchmesser mißt. Es ist beim Rockwell-Verfahren beschrieben (Abschn. IV 13, S. 30).

Eine weitere Abart ist der *Schlaghärteprüfer*, der ebenfalls mit einer Kugel, aber nicht mit statischer Last, sondern mit einem Schlag arbeitet. Er ist ebenfalls in einem besonderen Abschnitt (V, S. 35) beschrieben.

16   Das Vickersverfahren.

Statt größerer Pressen zur Erzeugung des Prüfdruckes kann man auch Federn verwenden. Das können Blattfedern, Schraubenfedern oder auch federnde Bügel sein.

Damit lassen sich, wenn man die Federn von Hand mit einer Schraube spannt, ihren Druck erhöht und an einem geeigneten Instrument zur Anzeige bringt, kleinere handliche *tragbare Prüfgeräte* bauen. Solche Geräte bestehen und sind für bescheidene Ansprüche brauchbar.

Zur Erzeugung des Druckes kann man, wie schon eingangs gesagt, jede Vorrichtung oder Maschine benützen, die eine geeignete Spindel hat, z. B. einen Schraubstock, eine Bohrmaschine, einen Drehbank-Reitstock u. ä. Man braucht jetzt nur noch eine Druckmeßeinrichtung, um mit einem gewünschten Druck einen Eindruck zu machen. Zweckmäßigerweise wird man die Kugel bzw. den Kugelhalter an diesen Druckmesser gleich anbauen. Ein solches Gerät ist z. B. die JUNG-Brinellpresse (Abb. 13).

Eine Abart ist auch das *Rolldur-Gerät*. Bei ihm wird der Prüfling langsam unter der belasteten Kugel weggerollt, diese hinterläßt eine Spur, deren Breite ausgemessen werden kann. Das Gerät eignet sich also für eine mehr flächenhafte Prüfung, etwa zur Messung der Härte im Einflußgebiet von Schweißnähten.

Der *Pendel-Härteprüfer* nach HERBERTs kann ebenfalls als Abart des Brinell-Verfahrens gelten. Dieses interessante, aber wenig gebräuchliche Gerät sei daher noch erwähnt. Ein Bügel mit einer Kugel in der Mitte wird auf den Prüfling aufgesetzt, das Gewicht der beiden Arme ist genau gleich. Durch ein leichtes Anstoßen wird der Bügel wie ein Waagebalken pendeln, die Zahl der Schwingungen in 100 sek. ist ein Maß für die Härte. Das Verfahren ist eine andere Methode der Ausmessung der Eindruck-Oberfläche. Es eignet sich für sehr dünne Prüflinge.

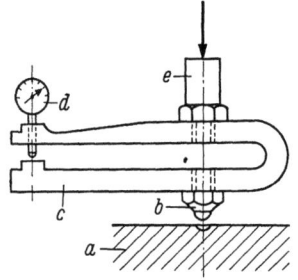

Abb. 13. Schematische Darstellung einer tragbaren Brinellpresse.
a Prüfling; *b* Kugel und Kugelhalter; *c* Federbügel für Kraftmessung; *d* Meßuhr zur Kraftmessung; *e* Einspannzapfen, z. B. für Bohrmaschine.

Die *Härtebestimmung von Holz* erfolgt ebenfalls nach dem Brinellverfahren. Bedingungen sind dem Werkstoff angepaßt (s. DIN 53011).

Brinellprüfung bei Temperaturen bis 400° C s. DIN 50132.

III. Das Vickersverfahren.
(DIN 50133 Pyramidenhärte).

Das Vickersverfahren wurde 1925 von den Engländern SMITH und SANDLAND angegeben; die Firma *Vickers* baute die ersten Geräte. Das Brinellverfahren bringt bei Stoffen über etwa HB = 600 keine brauchbaren Ergebnisse mehr; überhaupt haben die Eindrücke eine verhältnismäßig große Ausdehnung. Nach dem Vickersverfahren wird deshalb an Stelle des kugeligen Eindringkörpers aus Stahl eine regelmäßige vierseitige Diamant-Pyramide mit einem Flächenwinkel von 136° verwendet. Dieser Winkel ergibt sich, wenn man über eine Kugel eine regelmäßige vierseitige Pyramide so zeichnet, daß sich die beiden auf dem Kreis-Durchmesser $d = 0{,}375\,D$ berühren (Abb. 14). Das ist der mittlere Eindruck-Durchmesser für Brinellmessungen.

An Stelle von Stahl wird als Werkstoff also der wesentlich härtere Diamant genommen. Damit entstehen auch noch in harten Stoffen gute, scharfrandige Eindrücke, die genauer ausgemessen werden können als ein Kugeleindruck. Es können damit Stoffe mit einer Härte bis ∼1000 kg/mm² gemessen werden. Die Eindrucktiefe ist infolge des stumpfen Flächenwinkels verhältnismäßig gering. Die Form des Eindringkörpers und die gute Schärfe des Eindruckes gestatten die Anwendung verhältnismäßig kleiner Lasten. Mit der Vickers-Pyramide arbeiten deshalb auch die Kleinlast- und Mikro-Härteprüfer.

Die Eindrücke verschiedener Tiefe sind einander ähnlich — das Verhältnis Oberfläche/Diagonale ist konstant, was beim Brinellverfahren nicht der Fall ist. Infolgedessen sind die Härtewerte in weitem Maße unabhängig von der verwendeten Belastung.

1. Definition.

Die Vickershärte (oder Pyramidenhärte) HV ist wie die Brinellhärte das Verhältnis der aufgewendeten Belastung (P) zur Oberfläche (O) des verbleibenden Eindruckes mit der Diagonale d mm $\left(\mathrm{HV} = \dfrac{P}{F}\right)$:

$$\mathrm{HV} = \frac{P \cdot 1{,}8544}{d^2} \text{ kg/mm}^2 \qquad F = \frac{d^2}{2 \cdot \cos 22°}$$

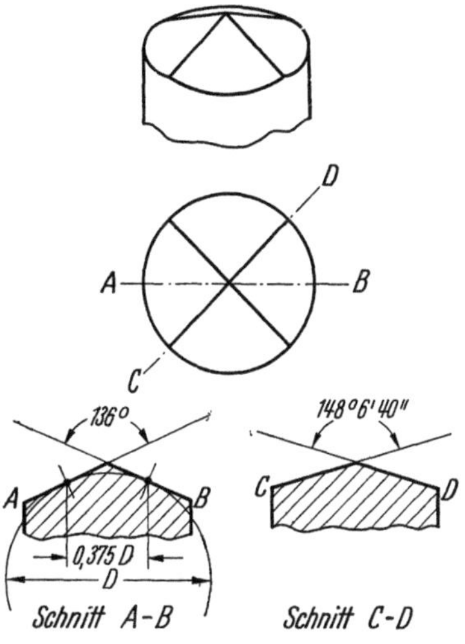

Abb. 14. Die Vickers-Pyramide.

Die Vickershärte[1] wird also auch in kg/mm² angegeben, sie mißt auch den *Formänderungs-Widerstand*. Die Härtewerte ergeben sich aus obiger Formel; sie werden in der Regel Tabellen entnommen, welche die Hersteller von Härte-Prüfgeräten liefern.

2. Bezeichnung.

Hinter dem Kennzeichen HV für die Vickershärte wird die Belastung (kg) angegeben, bei welcher die Härte gemessen wurde, also z. B. HV 30. Hinter der Kennziffer für die Belastung kommt nach einem Bindestrich die Belastungszeit, wenn diese (bei weichen Stoffen) von 10 s abweicht, also z. B. HV 5—30.

Auch hier gilt das für die Brinellprüfung Gesagte, nämlich daß die *Werkstoffvorschrift vollständig* sein sollte, und daß andererseits die Werkstatt angehalten wird, *nur das auf der Zeichnung vorgeschriebene Prüfverfahren* mit den genau vorgeschriebenen Bedingungen *anzuwenden*. Die Werkstatt darf nicht von sich aus ein anderes Verfahren oder andere Prüfbedingungen verwenden.

3. Prüflast.

Die Regelbelastung ist 30 kg. Gebräuchliche Lasten sind 50, 30 und 10 kg. Es können aber auch andere, insbesondere kleinere Lasten angewendet werden. Diese ergeben sich bei den gebräuchlichen Geräten häufig aus der Kombination mit anderen Verfahren. Solche weiteren Lasten sind 100, 62,5, 20, 5 und 2 kg. Kleinere Lasten als 2 kg werden zweckmäßigerweise nicht verwendet, da die Eindrücke mit den üblichen Vergrößerungen nicht mehr genügend genau gemessen werden können. Auch wird bei so kleinen Eindrücken nur mit der Diamantspitze gearbeitet, diese bleibt aber im praktischen Betrieb nicht genügend genau erhalten. Ferner treten bei sehr kleinen Eindrücken infolge der Unhomogenität des zu prüfenden Stoffes zusätzliche Streuungen auf.

---

[1] Auch hier ist natürlich die Dimension kg/mm² keine Festigkeit, sondern das Verhältnis Last/Oberfläche.

18   Das Vickersverfahren.

Bei höheren Lasten als der Normlast (30 kg) tritt eine sehr hohe Beanspruchung des Diamanten auf, insbesondere an dessen Spitze; solche höheren Lasten sollte man daher mit größter Vorsicht anwenden. Sie sind aber unvermeidlich bei Prüfung unhomogener oder stark fließender Stoffe. Man verwendet auch zuweilen größere Pyramiden aus Stahl.

Für Messungen mit kleinen Lasten verwendet man die sog. Kleinlast- und Mikro-Härteprüfer, die eine bessere Optik und besseren Auflegemechanismus besitzen (näheres s. Abschn. VII, S. 42).

4. Wahl der Prüflast.

Die Prüflast ist im allgemeinen so hoch wie möglich zu wählen, weil damit nicht nur die Genauigkeit an sich steigt, sondern weil mit dem größeren verdrängten Volumen im Prüfling auch ein besserer Durchschnittswert der Härte sich ergibt.

Bei kristallinen Stoffen ist daher eine möglichst hohe Last zu wählen; man beachte aber das im vorhergehenden Abschnitt Gesagte.

Bei oberflächengehärteten Teilen (zementiert, nitriert) muß die Prüflast um so niedriger sein, je dünner die Härteschicht ist; diese darf nicht durchgedrückt werden.

Die *Eindrucktiefe* darf nicht größer sein als etwa $1/10$ der Schicht bzw. Materialdicke. Sie ist etwa $1/7$ der Diagonale, also:

$$\text{Eindrucktiefe } t = \frac{1}{7} d \quad (\text{Abb. 15}).$$

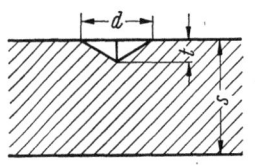

Abb. 15. Eindrucktiefe und Mindestdicke beim Vickers-Eindruck.
$d = 7\,t$; $s = 10\,t$;
$s/d = 10/7 \approx 1{,}5$; $P = $ kg Last;
HV = Vickershärte.
$s_{\min} = 1{,}495 \sqrt{P/HV} = 1{,}5\,d.$

Hieraus ergibt sich weiter für die Schichtdicke, die gleich oder größer als $10\,t$ sein soll,

$$s \geq 10\,t \geq \frac{10}{7} d \geq 1{,}5\,d.$$

Aus Abb. 16 ist zu ersehen, daß man mit dem Vickersverfahren auch noch dünne Teile messen kann; z. B. mit 5 kg Prüflast können harte Teile bis etwa 0,3 mm Dicke, weichere bis etwa 0,5 mm Dicke gemessen werden.

Auf keinen Fall darf auf der Rückseite der Probe ein Abdruck sichtbar sein. Will man also ein 0,1 mm dickes Teil von der Härte HV = 600 prüfen, so wird z. B. gemäß Abb. 16 bei 50 kg Last eine Diagonale von 0,40 mm entstehen. Da die Dicke des Prüflings $1{,}5\,d$, also hier wenigstens = 0,6 mm sein soll, ist für dieses Teil 50 kg nicht zulässig. Für das angeführte Beispiel darf die Diagonale nicht größer als

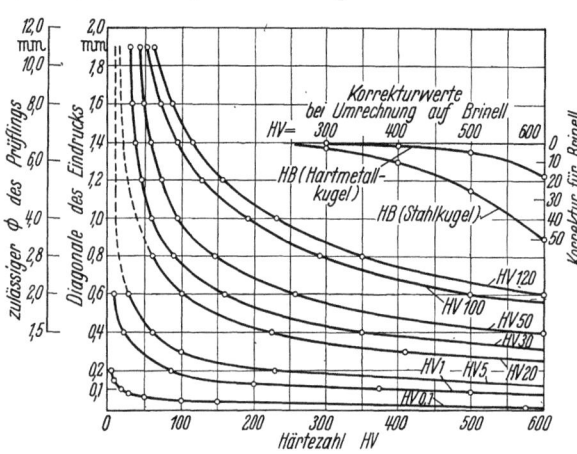

Abb. 16. Härtezahlen nach Vickers.

$\frac{0{,}1}{1{,}5} = 0{,}065$ mm werden. Selbst bei Verwendung von nur 2 kg Last würde die Diagonale noch etwa 0,08 mm werden. Wenn man in diesem Fall also keinen Kleinlast-Härteprüfer verwenden will, bzw. hat, muß man sich dadurch helfen, daß man zwei Teile übereinander legt und damit gewissermaßen die Härte eines 0,2 mm dicken Teiles mißt. Natürlich müssen die Teile gut aufeinander liegen. Zum Unterschied gegen die Brinellmessung kann die Vickersmessung mit von der Norm abweichender Last gemacht werden, wenn nur in die Rechnung die richtige Last eingesetzt wird. Man kann also einen beim Messen unterlaufenen etwaigen Lastfehler nachher beim Berechnen herauskorrigieren. Die für die verschiedenen Lasten und Härten zulässigen Mindeststärken können Abb. 16 u. 28 entnommen werden.

Bei den gebräuchlichen Lasten von 5—100 kg entstehen Eindrucktiefen zwischen 0,02 bis 0,2 mm (s. auch Abb. 28).

5. Auswertung des Eindruckes.

Die Eindruckdiagonalen müssen wie die Durchmesser der Brinelleindrücke optisch ausgemessen werden (mit Mikroskop oder Projektion). Die Längen sind mit einer Genauigkeit von $\pm 2\,\mu$ (bei Brinell $10\,\mu$) anzugeben; bei Diagonalen über 0,5 mm ist eine Unsicherheit von $5\,\mu$ zulässig. Maßgebend ist der Mittelwert aus beiden Diagonalen. Die modernen Geräte mit Projektionseinrichtung haben deshalb in der Regel einen schwenkbaren Maßstab.

Bei stark fließenden (weichen) Stoffen entsteht (wie bei der Brinellmessung) ein kleiner Wulst, der eine Unschärfe und ungenaue Ablesung verursacht; für solche Stoffe ist das Verfahren nicht geeignet.

Bei *gekrümmten Prüflingen* und *kleinen Durchmessern* verlangt die Norm, daß die Diagonalenlänge nicht mehr als $10\,\mu$ von der zugehörigen Bogenlänge abweicht. In Abb. 16 sind neben den Diagonalen die hierfür zulässigen kleinsten Durchmesser angegeben. Man kann etwa z. B. HV = 200 auf einem Durchmesser von 2,0 mm nur mit HV 30, also mit 30 kg oder kleinerer Last prüfen, weil sonst die Diagonale zu groß wird. Dasselbe ist auch bei Messung in hohlen Flächen zu beachten.

Die Norm verlangt weiter, daß die Last genau senkrecht zur Prüffläche wirkt. Wenn das nicht der Fall ist, entsteht kein quadratischer Eindruck. Auch wenn man den Mittelwert aus beiden Diagonalen verwendet, entsteht dennoch leicht eine Fehlmessung; man wiederhole deshalb die Messung. Auf einem zu kleinen Durchmesser entsteht ebenfalls ein vom Quadrat abweichender Eindruck. Es ist auch hier nicht zulässig, einfach den Mittelwert beider Diagonalen zu nehmen.

Die Vickershärte wird, wie die Brinellhärte, in kg/mm² angegeben, sie stimmt bis zu einer Härte von 300 kg/mm² auch praktisch mit der Brinellhärte überein. Bei höheren Werten wird der Unterschied infolge der Kugelabplattung bei der Brinellmessung zu groß. Man mißt z. B. bei HB 500 um etwa 30 kg/mm² weniger als bei der Vickersmessung[1].

Die ermittelten Härtewerte sind, wie schon S. 17 angegeben wurde, im Gegensatz zur Brinellhärte von der Belastung praktisch unabhängig, dennoch soll aber die zur Ermittlung verwendete Belastung angegeben werden. Obwohl auch die Vickershärte aus der angegebenen Formel errechnet werden kann, entnimmt man sie Tabellen (s. auch Kurven, Abb. 16). Damit sich die Eindrücke nicht gegenseitig beeinflussen, soll der *Abstand* von der Mitte *eines Eindruckes* bis zum Rande eines anderen oder bis zum Rande der Probe mindestens das dreifache der Diagonale betragen.

Wie bei der Brinellprobe entsteht um den Eindruck ein *Wall*, dessen Höhe bis 0,75% der Diagonale beträgt. Wenn man auf fertig geschliffenen Flächen mißt, ist dies zu beachten.

---

[1] In Abb. 16 sind zur Orientierung für einige Punkte Korrekturwerte angegeben.

2*

Da die Vickerseindrücke optisch ausgemessen werden, beachte man auch die Fehler, welche durch unscharfe Einstellung der Optik entstehen können (Abb.17).

6. Der Eindringkörper.

Zu einem brauchbaren Eindruck gehört natürlich auch ein guter Diamant. Der Flächenwinkel muß genau 136° betragen, die Abweichung davon darf nicht mehr als ±20' sein. Der Kantenwinkel ist 148° 6′ 40″. Durch falsche Winkel und durch mehr oder weniger große Rundungen an den Spitzen entstehen Meßfehler, wie sie in Abb. 17 dargestellt sind. Der Eindruck muß auf einem zuverlässigen Gerät optisch ausgemessen werden. Auch darf der Diamant keinerlei Poren, Risse oder Absplitterungen, insbesondere auch nicht an der Spitze haben. Er ist regelmäßig hierauf unter dem Mikroskop nachzuprüfen. Selbstverständlich ist der Diamant vor Schlag und Stoß besonders sorgfältig zu schützen. Man beachte, insbesondere bei Prüfung größerer Serien gleich harter Teile, daß der Diamant immer auf die gleiche Tiefe beansprucht wird und daß infolge der sich regelmäßig genau an derselben Stelle auswirkenden Spannungen (am Übergang von dem mit Druck und Reibung belasteten Teil der Seitenflächen) u. U. kleinste Risse und Aussplitterungen entstehen können. Ein solcher Diamant ist auszuscheiden (Abb. 18). Bei Beobachtung mit etwa 20facher Vergrößerung darf keinerlei Beschädigung sichtbar sein. Die Oberflächengüte spielt ebenfalls eine Rolle; für sie bestehen noch keine Vorschriften. An Stelle des normalen 136° Vickersdiamanten wird neuerdings manchmal der KNOOP-Diamant empfohlen oder verwendet (s. Abschn. VII, S. 42). Für stark fließende oder weiche Stoffe (z. B. Blei) werden auch größere Eindringkörper aus gehärtetem Stahl verwendet.

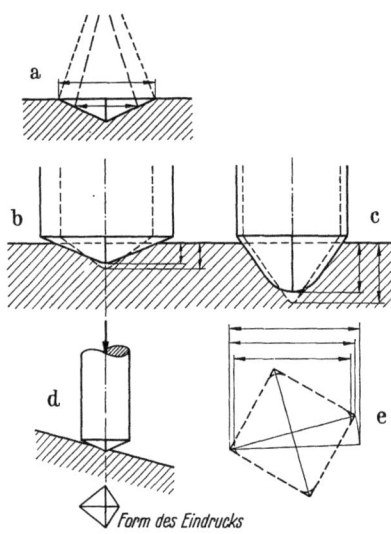

Abb. 17. Meßfehler bei der Vickers-Prüfung.
a Falschmessung durch falsche Tiefeneinstellung der Optik; *b* Meßfehler durch zu großen Flächenwinkel; *c* Meßfehler durch Rundung der Spitze; *d* Meßfehler durch schiefe Meßfläche; *e* Meßfehler durch Rundung der Kanten und verdrehten Eindruck.

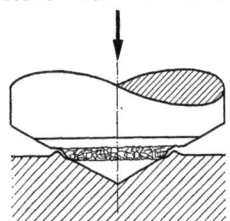

Abb. 18. Bei stets gleicher Beanspruchung splittert der Diamant am Belastungsübergang aus.

7. Die Prüffläche.

Man beachte, daß bei den vielfach üblichen kleinen Lasten von z. B. 5 kg die Diagonale nur zwischen 0,1—0,4 mm lang ist. Die Eindrucktiefe beträgt etwa $1/7$ davon, also zwischen 15—40 μ. Es ist klar, daß daher die Prüffläche sauber, blank und glatt sein muß. Die Rauhtiefe der Probe sollte nicht über $1/10$ der Eindrucktiefe sein, also nur einige μ betragen. Die Prüffläche muß also feinstgeschliffen oder mit Polierleinwand 000 sauber abgezogen sein. Es ist sinnlos, auf einer rauheren Fläche eine so empfindliche Messung machen zu wollen. Da das Ausmessen an dem zurückgespiegelten Abbild des Eindruckes erfolgen muß, ist klar, daß die Fläche auch tadellos blank sein muß (Abb. 19).

Wenn es in besonderen Fällen nicht möglich ist, die Prüffläche blank zu machen und zu polieren, z. B. bei gebläuten Stahlfedern, muß der Eindruck u. U. auf besonderem Mikroskop mit geeigneter Beleuchtung ausgemessen werden. Es ist aber zu beachten, daß andere Beleuchtung auch etwas andere Meßwerte ergibt.

8. Die Belastungsdauer.

Die Prüflast ist stoß- und schwingungsfrei in etwa 15 s aufzubringen; d.h. während dieser Zeit ist die Belastung langsam von 0 auf volle Last zu steigern. Danach soll die Prüflast 30 s lang auf dem Prüfling ruhen. Für härtere Stoffe mit HV $\geq$ 140 kg/mm² genügen 10 s. Man beachte, daß beide Bedingungen für das Aufbringen, nämlich stoß- *und* schwingungsfrei, eingehalten werden. Wenn die Last noch so vorsichtig, langsam und stoßfrei aufgelegt wird, das Gerät aber aus dem Raum Schwingungen bekommt, wird als deren Folge der Diamant hineingehämmert und man bekommt falsche Werte.

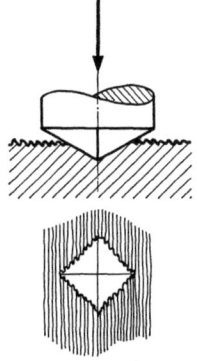

Abb. 19. Eindruck bei kleiner Last und zu riefiger Oberfläche.

Verständlicherweise ist diese Schwingungsempfindlichkeit bei Geräten, die statt der Lastgewichte Federn haben, wesentlich geringer, weil hier die in Schwingung geratenden Massen kleiner sind. Jedoch haben Federgeräte den Nachteil, daß die Federn sich im Laufe der Zeit ändern und nachgeeicht werden müssen.

9. Besondere Hinweise.

Die nach dem Vickersverfahren arbeitenden Kleinlast- und Mikro-Härteprüfer sind in einem besonderen Abschn. VII beschrieben.

Man kann eine Vickersmessung zur Not auch auf einem Rockwell-Apparat machen (s. S. 34), indem man den Eindruck nachher auf dem Mikroskop ausmißt. Ebenso kann man auch auf dem Rockwell-Apparat den Vickersdiamant verwenden und statt der Diagonale die Eindrucktiefe messen. In diesem Fall muß man sich selbst die Härtewerte ermitteln, da hierfür keine Tabellen bestehen. Grundsätzlich soll man zu einer Prüfung das dafür bestimmte Gerät verwenden.

IV. Das Rockwell-Verfahren.

(DIN 50103 Kegeleindruck, Vorlasthärte; s. auch DIN 51200).

Das ROCKWELL-Prüfgerät ist nach dem Amerikaner ROCKWELL benannt, es wurde 1927 in Deutschland bekannt. Bereits vorher hatte MARTENS das Tiefenmeßverfahren benützt, das weniger Zeitaufwand erfordert als die damals bekannten Brinell- und Vickersverfahren, welche beide die Eindrücke mit dem Mikroskop oder einer Meßlupe auswerten mußten. Beim Rockwellverfahren war eine sofortige Ablesung der Härte an der Meßuhr des Gerätes möglich. Die Projektion des Eindruckes am Brinell- oder Vickers-Gerät selbst, wodurch die Auswertung unter einem getrennten Mikroskop wegfällt, war damals noch nicht bekannt. Trotzdem inzwischen solche Geräte mit Projektion gebaut werden, hat sich das Rockwellverfahren gehalten, weil es äußerst einfach ist und verhältnismäßig wenig apparativen Aufwand erfordert. ROCKWELL verwendet einen Diamantkegel von 120° Kegelwinkel, den er mit einer Last von 150 kg in den Prüfling hineindrückt, und mißt nach Wegnahme der Last die Eindrucktiefe. Nun ist es nicht angebracht, auf einer technischen Oberfläche, die mehr oder weniger riefig ist, eine Diamantspitze aufzusetzen und von diesem Punkt aus, der von zufälligen Unebenheiten und Unsauberkeiten abhängig ist, eine Tiefenmessung zu machen. ROCKWELL hat diese Schwierigkeit umgangen, indem er zur 0-Einstellung der Uhr den Diamant bereits mit einer *Vorlast* von 10 kg belastet. Damit ist eine genügend zuverlässige Null-Einstellung und also auch eine brauchbare Schnellmessung möglich.

Außer der Messung mit dem Diamant kann auch eine Messung mit der Kugel gemacht werden und zwar mit einer Kugel von $1/16'' = 1,59$ mm $\varnothing$. Das Verfahren mit dem Diamantkegel wird deshalb mit dem Index c = (amerikan.) cone = Kegel versehen, das Verfahren mit Kugel mit dem Index b = (amerik.) ball = Kugel.

1. Definition.

Die Rockwellhärte ergibt sich durch Messung der Eindrucktiefendifferenz (e) in mm zwischen der Vorlast (10 kg) und der bleibenden Eindrucktiefe nach Wegnahme der Zusatzlast (140 kg). Da ein weicheres Teil die größere Eindrucktiefe hat, würde dieses auch die größere Härtezahl bekommen. Dies widerspräche der Vorstellung und dem Begriff „Härte". Man zieht daher die Eindrucktiefe von einem Festwert (100) ab und erhält so zu einer höheren Härte auch eine größere Härtezahl. Die Skala der die Eindrucktiefe anzeigenden

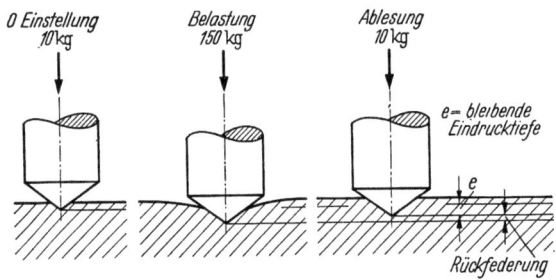

Abb. 20. Schematische Darstellung der Rockwell-Prüfung.

Meßuhr ist in 100 Teile = 1 mm eingeteilt. Die Meßuhr ist gegenüber der Diamantbewegung 5:1 übersetzt, ein Skalenteil an der Meßuhr bedeutet somit eine Bewegung der Diamantspitze um $\frac{1}{5} \cdot \frac{1}{100}$ mm = $2\,\mu$. Eine Rockwell-Einheit ist also gleich einer Eindrucktiefe von 2μ. Da die Uhr 100 Skalenteile hat, ist der gesamte Tiefenmeßbereich $200\,\mu = 0,2$ mm. Als Rockwellhärte bezeichnet man die Differenz $100 - e$, worin e

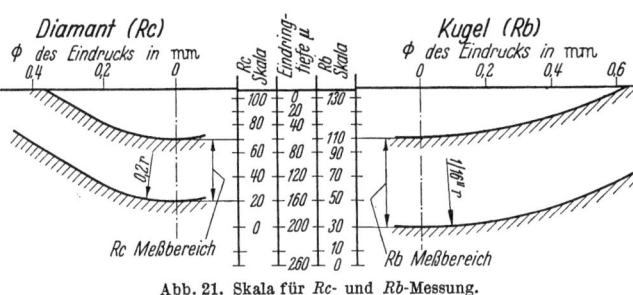

Abb. 21. Skala für R_c- und R_b-Messung.

die Meßuhranzeige in Skalenteilen, also $HR_c = 100 - e$ (Abb. 20 u. 21). So entspricht z. B. $HR_c = 60$ einer Eindrucktiefe von $40 \cdot 2 = 80\,\mu$.

2. Der Meßvorgang.

Beim ursprünglichen Rockwell-Gerät wird der Prüfling mit einer Spindel vorsichtig gegen die Diamantspitze geführt und der Diamant samt dem auf ihm ruhenden Fühlstift der Meßuhr und zugleich auch samt der ständig auf dem Diamant ruhenden Vorlast angehoben. Dieses Anheben wird solange fortgesetzt, bis die Meßuhr eine Marke erreicht hat und auf Null steht. Zur Feineinstellung ist das Zifferblatt der Uhr drehbar; damit ist der Ausgangspunkt der Messung gegeben. Nunmehr wird die Zusatzlast (140 kg) langsam auf den Diamant abgesenkt und, nachdem der Zeiger zur Ruhe gekommen ist, wieder abgehoben. An der Meßuhr kann nun (unter der Vorlast) die bleibende Eindrucktiefe abgelesen werden.

Zur Verminderung von Meßfehlern sollte man darauf achten, daß zur Null-Einstellung der Zeiger immer *senkrecht* steht. Abweichungen von einigen Graden von der Senkrechten sollten nicht überschritten werden.

3. Die Meßkräfte.

Ein Rockwellgrad entspricht einer Eindrucktiefe von 2 μ. Man muß also, da man außerordentlich kleine Unterschiede messen will, sehr genau arbeiten. Geräte, mit welchen $1/1000$ mm gemessen werden sollen, sind Feinmeßgeräte erster Ordnung und werden im allgemeinen im Feinmeßraum oder in Lehrenkontrollen verwendet. Man sei sich stets bewußt, daß das HR-Verfahren gegenüber dem HB- und besonders dem HV-Verfahren von vornherein im Nachteil ist, weil letztere die Diagonale bzw. den Durchmesser messen, die 5—15mal größer sind als die Eindrucktiefe.

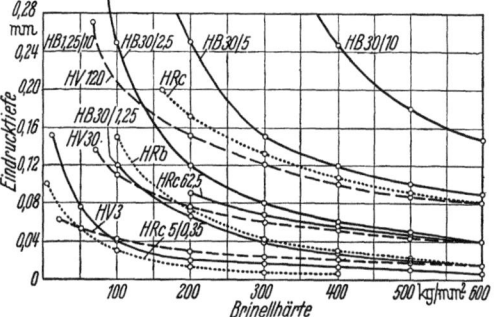

Abb. 22. Eindrucktiefen bei verschiedenen Prüfverfahren in Stahl.

Abb. 22 und Tabelle 2 (S. 30) geben einen Überblick über die Eindrucktiefen bei verschiedenen Verfahren. Man sieht, daß das Rc-Verfahren recht günstige Eindrucktiefen liefert. Das Rockwell-Gerät ist aber häufig dem rauhen Werkstattbetrieb, dem Staub und der Unsauberkeit der Härterei ausgesetzt. Auch mißt man mit derartigen Feinmeßgeräten und mit derartigen Genauigkeiten sonst Endmaße und Lehren mit ausgezeichnet sauberen Oberflächen. Mit dem Härteprüfgerät aber will man übliche Fertigungsteile messen, die häufig Drehriefen, Grate und Unebenheiten haben. Es ist klar, daß dabei keine hohen Genauigkeiten erreichbar sind. Man sollte sich dieser Umstände und Verhältnisse bewußt sein und sie beachten, dann lassen sich mit dem Rockwell-Gerät ausreichende Genauigkeiten errechnen; beachtet man sie aber nicht, wird man viel Ärger und viele Differenzen hervorrufen, die u. U. mehr Geld kosten als die ordentliche Vorbereitung der Prüfstücke und die Aufstellung der Geräte in einem entsprechenden Raum.

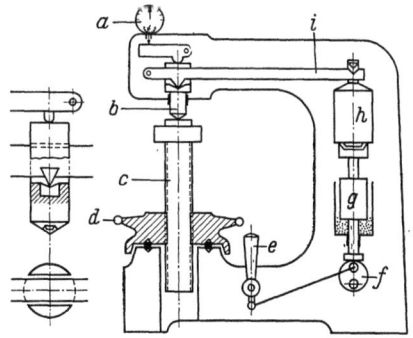

Abb. 23. Schema eines Rockwell-Apparates.
a Meßuhr mit einstellbarer Skala; *b* Diamant; *c* Schraubspindel; *d* Handrad-Spindelmutter; *e* Auslösehebel; *f* Exzenter für Auslösung; *g* Belastungsbremse; *h* Zusatzgewicht; *i* Übertragungshebel-Vorlastgewicht.

Vergegenwärtigen wir uns noch, daß an dem Rockwell-Gerät weit größere Kräfte wirken, als sonst an Feinmeßgeräten (150 kg und bei gewissen Gerätebauarten noch mehr), und daß damit notwendigerweise Verformungen und auch Abnützungen an den an der Kraftübertragung und Messung beteiligten Teilen verbunden sein müssen, dann mag es klar werden, daß dieses Gerät auch einer besonders guten Pflege bedarf und sorgfältig, vor Erschütterungen und Verschmutzung geschützt, aufgestellt werden muß, wie schon beim Vickers-Gerät besprochen wurde.

In Abb. 23 ist das herkömmliche Gerät schematisch gezeigt. An dieser Bauart ist das gesamte Gestell mit Spindel an der Kraftübertragung *und* an der Tiefenmessung beteiligt. Jedes Nachgeben der Spindel und ihres Gewindes, jede Unsauberkeit an der Auflage des Prüflings, jede Verformung des Gestells ergibt einen Meßfehler.

An neueren Geräten hat man daher versucht, den *Meßweg vom Kraftweg zu trennen* (REICHERTER). Dies geschieht mit einer besonderen Einspannung (Abb 24.).

Der Prüfling wird mit einer starken Feder gegen einen den Diamant umhüllenden und damit zugleich schützenden Anschlag gedrückt. Diese Feder wird beim Anstellen des Prüflings gespannt, ihre Kraft ist natürlich größer als die Belastung (etwa doppelt so hoch), damit sich der Prüfling beim Aufbringen der Last nicht wieder vom Anschlag abhebt.

Die Tiefenmessung erfolgt bei dieser Bauart immer von der Anschlagfläche aus, die in der Regel auch Prüffläche sein wird. Man braucht nun nur noch diese Prüffläche von allen Unebenheiten und Unsauberkeiten freizuhalten, während bisher sowohl Prüf- als auch Auflagefläche sauber sein mußten. Selbst wenn an dieser Prüffläche noch kleine Mängel vorhanden sein sollten, so wirken sie sich weniger aus, weil sie durch den verhältnismäßig hohen Anpreßdruck einigermaßen angeglichen werden. Man mißt mit

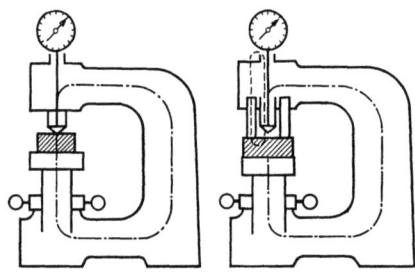

Abb. 24. Schematische Darstellung des Kräfteverlaufs.
—·—·— Kraft- und Meßweg beim hergebrachten Rockwellgerät;
—·—·— Kraftweg bei neuzeitlichen Rockwellgräten;
-------- Meßweg bei neuzeitlichen Rockwellgeräten.

solchen „verspannten" Geräten etwa 0,5 Rc-Einheiten höhere (richtigere) Werte. Als Nachteil dieser Bauart könnte man vielleicht den etwas größeren Kraft- und Zeitaufwand beim Hochschrauben des Prüflings gegen die Federkraft bezeichnen.

4. Der Eindringkörper.

a) Der Diamant (Abb. 25) ist ein Kegel mit einem Kegelwinkel von $120° \pm 30'$, und einem Spitzen-Radius von $0,2 \pm 0,01$ mm. Die Höhe der abgerundeten Kuppe errechnet sich daraus zu 0,027 mm also rd. $^3/_{100}$ mm. Der Durchmesser der Kuppe wird damit 0,2 mm. Fehlerhafte Diamanten ergeben falsche oder ungenaue Messungen. Der Diamant bedarf daher ganz besonderer Beachtung und Pflege. Bei unvorsichtiger Handhabung bricht er leicht aus, etwa wenn man zu schnell gegen ihn anstellt; oder wenn der Prüfling keine stabile Auflage hat und unter der Belastung wegrutscht; oder wenn man zu nahe am Rand mißt, so daß der Prüfling ausbricht. Es ist daher notwendig, daß an einem solchen Gerät nur derjenige arbeitet, der seine Bedienung und seine Empfindlichkeit genau kennt. Der Prüfling ist mit größter Vorsicht gegen den Diamant zu führen und es ist sehr darauf zu achten, daß er eine sichere Auflage hat; am besten sollte der Prüfling fest gespannt sein. (Das ist bei den Geräten, die gegen Anschlag arbeiten, der Fall.) Die Norm verlangt, daß der Diamant, soweit er eindringt, poliert ist, keinerlei Beschädigungen, keine Aussplitterungen und keine matten Stellen hat. Man sollte ihn daher regelmäßig mit der Lupe oder noch besser mit dem Mikroskop (20—50fach) nachprüfen. Auch für den Rockwell-Diamanten gilt das für den Vickers-Diamanten Gesagte.

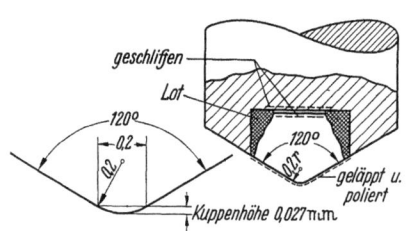

Abb. 25. Rockwell-Diamant mit Halterung.

Bei der Serienprüfung großer Stückzahlen gleich harter Teile treten an den Übergangsstellen vom belasteten zum unbelasteten Flächenteil kleinste Aussplitterungen auf, die sich in einer Aufrauhung zeigen. Man sieht diese mit dem unbewaffneten Auge nicht. Solche Diamanten ergeben aber ungenaue Werte und sind auszutauschen (Abb. 18, S. 20).

Der Diamant ist in einem Stahlkörper gefaßt, dessen Einspannschaft einen Durchmesser hat von 6,35 −0,01 mm. Die Bohrung im Druckstempel des Gerätes hat 6,35+0,1 mm Durchmesser.

b) Die Kugel. Für Prüfungen mit Kugeln gilt das für die Brinellprüfung Gesagte. Da, wie später noch ausgeführt wird, bei der HRb-Prüfung der Belastungsgrad und damit die Kugelbeanspruchung wesentlich höher ist als bei der HB-Prüfung, ist auch auf die Güte der Kugel noch mehr zu achten; insbesondere ist bei der HRb-Prüfung das Verhältnis Eindruck-Durchmesser zu Eindrucktiefe noch ungünstiger als bei der HB-Prüfung. Es empfehlen sich daher Hartmetallkugeln. Mit solchen ergeben sich kleinere Werte, im Gegensatz zur Brinellmessung.

5. Die Belastung.

Es ist bereits gesagt, daß mit einer Vorlast von 10 kg, bei welcher die Nulleinstellung erfolgt, und bei HRc mit einer Zusatzlast von 140 kg gearbeitet wird. Will man genaue Ergebnisse bekommen, so müssen diese Lasten genau stimmen. Meist wird die Last mit einem kleineren Gewicht oder bei neuen Geräten auch mit Federn — erzeugt und durch Hebelübersetzung vergrößert. Hier muß natürlich auch das Übersetzungsverhältnis genau sein und weiter müssen die Reibungskräfte in den Schneidenlagerungen klein sein und bleiben. Bei einem Gerät, das jahrelang ohne Pflege im rauhen Werkstattbetrieb verstaubt, kann das nicht mehr zutreffen. Die Geräte sollten daher staub- und erschütterungsfrei aufgestellt werden, um die Schneiden so sehr wie nur irgend möglich zu schonen. Ein etwaiges Ölen oder Fetten der Schneidenlagerungen ist unter allen Umständen zu unterlassen, wenn damit auch vielleicht im Augenblick bessere Ergebnisse erzielt werden. Auf dem Ölfilm bleibt erst recht Staub hängen und er vergrößert im Laufe der Zeit die Reibung.

Die meisten Geräte haben mehrere Laststufen, von welchen die Stufe 100 kg für die HRb-Messung wohl nie fehlt. In der Regel ist auch noch eine Stufe 62,5 oder 60 kg vorhanden. Man sollte bei der Rockwellmessung mit Belastungen unter 100 kg vorsichtig sein. Wie bereits im 1. Abschnitt gesagt, ist die maximale theoretische Eindrucktiefe bei HRc 150 0,2 mm, die praktische um 0,1 mm. Die Kuppenhöhe ist 0,03 mm, so daß man u. U. nicht am Kegelmantel des Diamanten sondern nur mit seiner kugeligen Kuppe arbeitet. Da der Kuppenradius aber leider — schon wegen seiner Kleinheit — nicht mehr genau ist, sollte man ihn möglichst ausschalten. Dies ist aber bei kleineren Lasten nicht der Fall (s. auch S. 30).

6. Die Auflegezeit.

Die Last (Zusatzlast) soll zur Schonung des Diamanten, aber auch um Fehlmessungen infolge *Schlagwirkungen* zu verhindern, stoßfrei innerhalb 3–6 s aufgebracht werden. Zu diesem Zweck ist am Gewicht oder am Lasthebel ein *Stoßdämpfer* — meist eine Ölbremse — angebracht, deren Drossel eingestellt werden kann. Die Bremsflüssigkeit soll bei den üblicherweise vorkommenden Temperaturschwankungen gleichmäßig zäh sein, damit auch die Auflegezeit gleich bleibt. Man hüte sich davor, irgendein unbekanntes Öl, das vielleicht in der Kälte sehr rasch verdickt oder im Laufe der Zeit zäher wird, zu verwenden. Manchmal, etwa an kalten Tagen, wird die Auflegezeit zu groß. Man ist versucht, die Drossel nachzustellen, mit dem Erfolg, daß dann an heißen Tagen die Last zu rasch aufgelegt wird. Dies geht auf Kosten des Diamanten und der Meßgenauigkeit.

Die Drossel sollte daher im Betrieb unzugänglich sein oder plombiert werden. Besser als die Ölbremse wäre eine Luftbremse. Diese ist unabhängig von der Temperatur, verharzt und verstopft nicht, bleibt also konstant. Bis jetzt werden aber derartige Geräte nicht gebaut, weil dazu ein Preßluftanschluß notwendig wäre. Die Auflegezeit von 3—6 s ist für die Massenprüfung noch sehr störend. Bei harten Teilen, etwa über HRc = 40, kann man ohne größere Gefahr für die Meßgenauigkeit diese Zeit etwas kürzen, bei HRc = 60 etwa bis auf 1 s. Man sei sich aber bewußt, daß mit dem so veränderten Gerät keine weichen Teile gemessen werden dürfen und daß die Verkürzung der Belastungszeit auf Kosten des Diamanten geht. Der Verfasser hat durch Versuche festgestellt, daß z. B. bei HRc = 35 das Ergebnis der Messung:

bei 1 s Auflegezeit 34,1 und
,, 6 s ,, 35,5 war,

d. h. beim raschen Auflegen innerhalb 1 s gegenüber 6 s findet eindeutig ein Hineinschlagen des Diamanten in den Prüfling statt, wodurch eine geringere Härte gemessen wird. Auch bei HRc = 62 trat noch dieselbe Erscheinung auf. Allerdings war bei dieser größeren Härte bereits ab einer Auflegezeit von 3 s eine Konstanz der Anzeigewerte vorhanden.

7. Die Belastungsdauer.

Die Zusatzlast soll lt. DIN 50103 erst dann abgenommen werden, wenn die Meßuhr zur Ruhe gekommen ist. Bei harten Stoffen wird das rasch gehen, bei weichen etwas länger dauern. Wichtig ist, daß das Gerät erschütterungsfrei aufgestellt ist. Die Meßergebnisse können, wenn diese Forderung nicht eingehalten ist, sehr merklich verschieden sein; z. B. wurde an einem im Betrieb, wo sich leichte Schwingungen nie ganz vermeiden lassen, aufgestellten Gerät folgendes gemessen:

Nach 6 s Belastungsdauer HRc = 35,3 und am selben Prüfstück nach 60 s Belastungsdauer HRc = 33,3. An einem anderem Prüfstück ergaben sich nach 6 s HRc = 63 und nach 60 s HRc = 62. Bei längerem Warten, d. h. bei einem leicht schwingenden Gerät bei längerem Einhämmern des Diamanten, wird also eine um 1—2 HRc-Einheiten geringere Härte gemessen. Bei Geräten mit vorgespanntem Prüfling und mit Federlasten, an Stelle der Gewichtslasten, fällt dieser Fehler praktisch fort.

8. Die Ablesezeit.

Nicht nur die Auflegezeit und die Belastungsdauer beeinflussen das Meßergebnis, auch die Zeit, die man nach dem Wiederabheben der Zusatzlast bis zum Ablesen wartet, ist von Einfluß. Die Norm schreibt hierüber nichts vor. Nach dem Wiederabheben der Zusatzlast muß das gesamte Gerätegestell, die Spindel, die Auflagen usw. wieder in die ursprüngliche Lage zurückfedern. Dieses Zurückfedern erfolgt nicht plötzlich; infolgedessen wird bei längerem Warten eine etwas höhere Härte gemessen als unmittelbar nach dem Entlasten. Auch diese Differenz kann bis zu 1 Rockwellgrad betragen. Zweifellos ist die nach längerem Warten gemessene höhere Härte die richtige. Bei *verspannten* Geräten, also bei solchen, welche auch nach der Entlastung noch eine gewisse Spannung auf dem Gestell und dem Prüfling beibehalten, ist der Fehler kleiner, aber auch noch ganz eindeutig zu beobachten und mit wenigstens 0,5 HRc-Einheiten zu veranschlagen.

9. Der Prüfling.

An den Prüfling sind einige Anforderungen zu stellen. Die Oberfläche soll glatt, eben und sauber sein, weil aus einer irgendwie nachgiebigen Meßfläche oder Auflagefläche Meßfehler entstehen. In Abb. 26 sind eine Reihe von Fehlern, die leider gar

Der Prüfling.

nicht selten gemacht werden, dargestellt. Eine besondere Beschreibung und Aufzählung hier im Text ist daher nicht notwendig. Man bedenke, daß die gezeigten Rauhigkeiten usw. sich bereits bemerkbar machen, wenn ihre Größe den Umfang einer oder einiger Rockwelleinheiten hat; eine Rockwelleinheit ist aber 2μ. Staub und Schmutz oder Beulen an der Auflagefläche sind auch dann noch gefährlich, wenn sie nur einzeln auftreten. Eine einzige kleine nur $1/100$ mm starke Beule an der Auflage muß eine Falschmessung ergeben.

Auch das Messen auf einer gewölbten Oberfläche, also auf einem Zylinder, gibt Meßfehler. Lt. DIN 50103 darf der Radius nicht unter 5 mm, der Durchmesser von Zylindern also nicht unter 10 mm sein. Bei kleineren Zylindern ergeben sich merkliche Meßfehler, die z. B. bei einem Durchmesser von 5 mm und einer Härte von HRc = 60, also bei sehr harten Teilen 2 HRc-Einheiten ausmachen. Bei weicheren Teilen wird der Fehler noch größer.

Abb. 27 zeigt Korrekturwerte für verschiedene Durchmesser bei der HRc-Messung. Man sieht, daß insbesondere bei kleinen Durchmessern und weichen Stoffen z. B. statt der abgelesenen Rockwellhärte = HRc = 20 bei einem Durchmesser von 2 mm die tatsächliche Härte HRc = 34 ist. Der Übersichtlichkeit halber ist teilweise nur der untere Teil der Kurven dargestellt.

Ähnlich sind die Kurven auch bei anderen Lasten, natürlich sind bei kleineren Lasten auch die Fehler kleiner.

Während bei der Brinell-Messung eine Dicke des Prüflings vom 1—1,5fachen des Eindruckdurchmessers, also etwa dem 4—10fachen der Eindrucktiefe, vor-

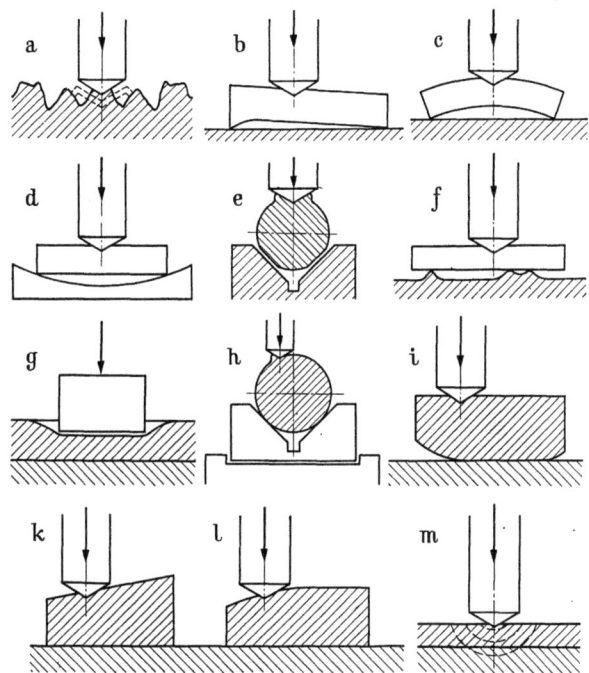

Abb. 26. Ursachen von Meßfehlern bei der Rockwell-Härtemessung.

a Meßfläche zu rauh, Nulleinstellung ungenau, Ausweichen bei Belastung; *b* Grat oder Schmutz an der Auflage, Nachgeben bei Belastung; *c* Auflagefläche hohl, Durchfedern und Durchbiegen; *d* Unterlagefläche hohl, Durchfedern und Durchbiegen des Prüflings; *e* Prüfen zu kleiner Durchmesser, Abplattung an der Auflage und Ausweichen am Eindruck (Gefahr für Diamant); *f* Unterlage rauh und riefig, Nachgeben bei Belastung; *g* Unterlage zu weich, Nachgeben bei Belastung, wichtig bei kleinen Auflageflächen der Prüflinge; *h* Diamant sitzt auf zylindrischem Prüfling außer Mitte, Ausweichen und Verklemmen sowie Ausbrechen des Diamanten; *i* Auflage nicht starr, Gefahr des Kippens, Falschmessung und Beschädigung des Diamanten; *k* Meßfläche nicht senkrecht zur Diamantachse, seitliche Kräfte, Falschmessung, Klemmen; *l* Meßfläche nicht senkrecht, Eindruck zu nahe am Rand, Ausweichen, Verklemmen des Diamanten; *m* Prüfling zu dünn, Durchdrücken auf Unterlage, diese wird mitgemessen.

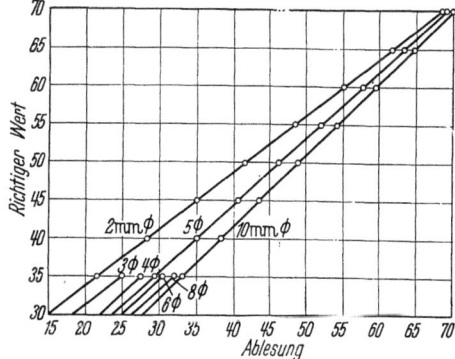

Abb. 27. Korrektur für die Rc-Messung auf zylindrischen Prüflingen unter 10 mm Durchmesser.

geschrieben ist, gilt für die Rockwell-Messung, daß der Prüfling mindestens die 10 fache Stärke der Eindrucktiefendifferenz (e) haben muß,

$$s = 10 \cdot e = 20 \ (100-\text{HRc}) \ \mu.$$

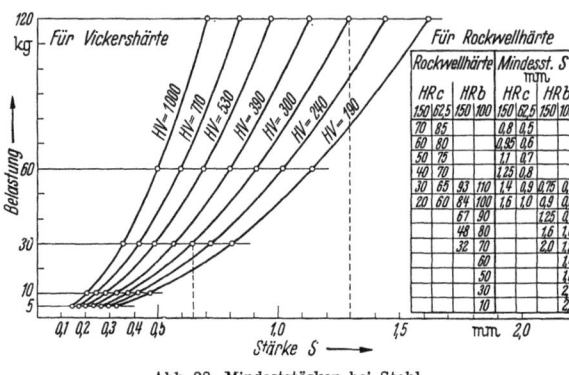

Abb. 28. Mindeststärken bei Stahl.

Auch hier gilt, daß auf keinen Fall auf der Rückseite des Prüflings eine Verformung sichtbar sein darf. Es muß daher auch die Unterlage hart und eben sein. Den Zusammenhang zwischen Prüflast, Härte und Mindestdicke zeigt Abb. 28; aus ihr kann für eine vorliegende Dicke die Prüfbedingung entnommen werden. Die Abbildung zeigt auch sehr deutlich, daß dünne Teile mit HV geprüft werden müssen.

10. Der Eindruck.

An dem Eindruck entsteht ein kleiner Wulst, der auf Lauf- und Paßflächen allgemein nicht zulässig und u. U. mit dem Ölstein zu entfernen ist. Im allgemeinen ist sonst der zwischen 0,05 mm und 0,15 mm Tiefe liegende Eindruck ungefährlich und selbst an fertigen Teilen meist zulässig. Der verhältnismäßig spitze Eindruck verursacht an hoch wechselbeanspruchten Stellen eine gewisse Kerbwirkung. Es sind schon Brüche beobachtet worden, die von solchen Kerbeindrücken ausgegangen sind. Die Gefahr ist natürlich dort am größten, wo bei sehr harten Teilen evtl. im Grund des Eindruckes bereits allerfeinste Anrisse entstehen. Diese Risse mögen dort eher auftreten, wo zu rasch belastet wurde, dem Stoff also keine Zeit zum Fließen gelassen wurde.

Bei weniger harten Teilen ist die Gefahr geringer; zwar bleibt natürlich die Kerbwirkung bestehen, ja sie ist infolge des tieferen Eindruckes sogar größer, jedoch findet im Grund des Eindruckes eine Verfestigung des Stoffes statt, so daß praktisch die Kerbwirkung dadurch aufgehoben wird.

Die Norm verlangt, daß zwei Eindrücke nicht näher als 3 mm nebeneinander liegen sollen. Ebenso groß soll auch der Abstand vom Rand sein. Diesen Abstand vom Rand sollte man ganz besonders beachten, da insbesondere harte Körper leicht ausbrechen. Bei einer Tiefe von 0,1 mm, was einer mittleren Härte von HRc = 50 entspricht, ist der Durchmesser des Eindrucks 0,45 mm, also noch recht gut sichtbar.

11. Das Meßergebnis, die Meßgenauigkeit.

Daß das Meßergebnis von vielerlei Faktoren abhängt, ist bereits hinreichend betont worden und sollte vom Leser beherzigt werden. Es bleibt noch zu sagen, daß die Rockwell-Messung keine Absolut-Messung ist, das Gerät also mit Vergleichsstücken geeicht werden muß. Hierzu dienen Härtenormalien, die von den gerätebauenden Firmen oder von behördlichen Eichämtern zu beziehen sind. Eine Selbstanfertigung ist nicht zweckmäßig. Es empfiehlt sich, eine Prüfung mit dem „*Eichplättchen*" in regelmäßigen und nicht zu langen Abständen durchzuführen[1].

---

[1] Die Härte der Eichplättchen soll annähernd dieselbe sein, wie die des Prüflings.

Vorgeschrieben ist diese Nachprüfung nach jedem Wechsel des Diamanten. Dies deshalb, weil der Diamant einen sehr großen Einfluß auf das Ergebnis hat[1]. Bevor man nach einem Diamantwechsel überhaupt mißt, belastet man den Diamanten erst einige Male auf einem beliebigen Teil, damit sich etwaige Auflagemängel beheben.

Es sollen nur Messungen zwischen HRc = 20—67 gemacht werden. Die Norm verlangt bei maßgebenden Messungen mindestens zwei Eindrücke nebeneinander, wobei der Mittelwert aus beiden als Härte zu gelten hat. Es sind also in einem solchen Fall mindestens zwei Messungen zu machen; liegt eine davon außerhalb der vorgeschriebenen Härtetoleranz, so entscheidet eine 3. Messung, ob das Teil gut oder schlecht ist. Über die Faktoren, welche das Meßergebnis beeinflussen, d. h. also die Meßgenauigkeit — oder besser die Meßungenauigkeit — ergeben, wurde bereits an verschiedenen Stellen gesprochen. Sie sollen hier noch einmal zusammengefaßt werden. Der Benützer des so praktischen Rockwellgerätes hat leider meist nicht die rechte Vorstellung von der Genauigkeit seiner Messung. Es soll durch eine Zusammenstellung der Fehler keineswegs das Rockwellgerät schlecht gemacht werden. Im Gegenteil, es soll entsprechende Pflege und Sorgfalt angeregt werden, um damit erst die ganzen Vorteile des Rockwell-Verfahrens zur Auswirkung zu bringen. Wenn auch nicht alle Fehler zugleich und noch weniger alle in gleicher Richtung auftreten werden, so darf doch eine Gesamtgenauigkeit von ±2 Rc-Einheiten als noch recht gut, eine solche von ±4 Rc-Einheiten als leider nicht seltene Erscheinung betrachtet werden. Größere Abweichungen aber sind auf grobe Mißachtung elementarer Regeln zurückzuführen. Im allgemeinen wird die Gesamtsumme der Fehler negativ sein, d. h. man wird in der Regel zu geringe Härte messen, dies ist besonders zu beachten.

Im einzelnen ist etwa mit folgenden Fehlern in Rc-Einheiten zu rechnen:

	Größe und Richtung des Fehlers	
Fehler des Eichnormals	+0,5	—0,5
Fehler durch den Diamanten	+0,5	—0,5
Auflagefehler, Meßfläche, Unterlage	+0	—1,0
Lastfehler, Reibung, Federung	+0,5	—1,0
Bedienungsfehler (Zeiten)	+0,5	—1,5
Ablese- und Einstellfehler	+0,5	—0,5
Übersetzungs- und Fehler an der Uhr . . .	+0,5	—0,5
Umwelteinflüsse (Erschütterungen usw.) . .	+0,5	—1,5
Gesamtsumme:	+3,5	—7,0

Man verfalle nicht in den allerschlimmsten Fehler, zu glauben, daß man selbst viel genauer messe. Es ist notwendig, die Fehlermöglichkeiten zu kennen, zu beachten und durch stete Aufmerksamkeit und Sorgfalt gering zu halten. Die in vorstehender Aufstellung angegebenen Fehler sind hinsichtlich Zahl und Größe bestimmt eher zu klein als zu groß angegeben.

12. Die Prüfung mit kleiner Last.

Bei sehr dünnen oder auch bei weichen Teilen, kann man auch mit kleineren Lasten arbeiten, um kleinere Eindrucktiefen zu bekommen. Häufig sind die Prüfgeräte kombiniert, man kann auf ihnen auch Brinell-Prüfungen machen. Für

---

[1] Bei starker Inanspruchnahme des Geräts, wo täglich bis zu 10000 Messungen vorkommen, ist diese Nachprüfung täglich nötig. Bei weniger starker Beanspruchung können die Zeitabstände größer werden.

letztere ist dann eine Laststufe 62,5 kg vorhanden, die auch für Rockwell-Messungen verwendet werden kann. Ältere Geräte, welche noch nicht diese Kombination mit der Brinell-Messung haben, verwenden dafür 60 kg. Die Rockwell-Prüfung mit kleinerer Last ist aber nicht genormt und gibt auch weniger genaue Werte, da natürlich der Einfluß der Fehler, der wie oben beschrieben, nicht gerade klein ist, mit sinkender Last immer größer wird (s. auch Abschn. 5, S. 25). Man sollte daher die Rockwell-Messung mit kleiner Last nur als Behelf im Notfall verwenden. Selbstverständlich ist beim Meßergebnis anzugeben, daß die Messung mit kleinerer Last gemacht wurde; das Ergebnis ist also etwa mit dem Index 62,5 zu kennzeichnen.

In der Tabelle 2 sind der Vollständigkeit halber einige Rockwell-Prüfungen angegeben, die mit sehr geringen Lasten und auch kleineren Vorlasten arbeiten. Mit

Tabelle 2. *Zusammenstellung verschiedener Rockwell-Prüfungen.*

Prüfkörper		Vorlast	Prüflast	Belastungsgrad	Meßbereich Brinell	Eindrucktiefe	Bezeichnung
Diamant	Kugeldurchmesser	kg	kg	P/D^2	kg/mm²	μ	
120°	—	10	150		250—700	70—200	HRc
120°	—	10	100		250—700	50—110	HRc 100
120°	—	10	62,5		250—700	40—100	HRc 62,5
120°	—	3	45		250—700	30—80	HRc 45/3
120°	—	3	30		250—700	20—60	HRc 30/3
120°	—	3	15	94[1]	25—700	10—30	HRc 15/3
120°	—	0,35	10	62,5[1]	25—600		HRc 10/0,35
120°	—	0,35	5	31,3[1]	10—500		HRc 5/0,35
—	5 mm	10	250	10	70—400	40—200	HRb 5/250
—	2,5 mm	10	187,5	30	170—500	40—200	HRb 2,5/187,5
—	1/16″	10	150	60	150—500	40—200	HRb 150
—	5 mm	10	125	5	40—200	40—200	HRb 5/125
—	1/16″	10	100	40	140—300	60—240	HRb
—	1/8″	10	100	10	60—250	40—200	HRb 1/8″
—	5 mm	10	62,5	2,5	20—100	40—200	HRb 5/62,5
—	2,5 mm	10	62,5	10	60—180	90—160	HRb 2,5/62,5
—	1/16″	10	60	24	90—200	40—200	HRb 60
—	1/16″	3	45	18	70—240	10—100	HRb 45/3
—	2,5 mm	10	31,25	5	20—90	40—200	HRb 2,5/31,2
—	1/16″	3	30	12	50—240	10—100	HRb 30/3
—	2,5 mm	10	15,6	2,5	10—45	40—200	HRb 2,5/15,6
—	1/16″	3	15	6	50—240	10—100	HRb 15/3

[1] Bezogen auf Diamantradius 0,2 mm.

Rücksicht darauf, daß mit kleinerer Last nur mit der Diamantkuppe gearbeitet wird, entsteht damit gewissermaßen eine Tiefenmessung mit Kugel. Wenn in Sonderfällen die geringen Eindrucktiefen unumgänglich notwendig sind, kann man solche Messungen machen, muß aber dann mit größter Pünktlichkeit, besten Geräten und besten Diamanten arbeiten, um einigermaßen brauchbare Werte zu bekommen. In der Tabelle sind auch die aus der Last errechneten *Belastungsgrade* angegeben. Die Zahlen sind insofern interessant, als sie zeigen, wie hoch die Belastungen bei der Rockwell-Prüfung sind — obwohl natürlich z. T. nicht nur die Kuppe tragen wird. Man beachte dabei, daß diese hohe Belastung nicht nur auf die Kugel bzw. den Diamant wirkt, sondern auch auf den Prüfling.

13. Das HRb-Verfahren.

Das HRc-Verfahren arbeitet mit dem Diamantkegel von 120° Öffnungswinkel. Es ist bei kleineren Härten unter HRc = 20 oder HB = 235 nicht mehr verwendbar, da es infolge der zu groß werdenden Eindrucktiefe und der Reibung des Diamanten an den Seitenflächen usw. zu ungenau wird. Hier wird dann das HRb-Verfahren verwendet. Dieses arbeitet mit $1/16'' = 1{,}59$ mm Stahl- bzw. Hartmetallkugel und einer Belastung von 100 kg. Der Belastungsgrad $P:D^2$ ist also $100:2{,}5 = 40$; bei der normalen Brinell-Messung ist der höchste Belastungsgrad 30. Man verwendet also eine verhältnismäßig hohe Last und bekommt damit etwas größere Eindrucktiefen. Das HRb-Verfahren nimmt daher eine Zwischenstellung zwischen dem HRc-Verfahren und dem normalen Brinell-Verfahren ein.

Die HRb-Messung wird, da die Kugel billiger ist als ein Diamant, überall dort verwendet, wo es die Härte des Stoffes gestattet. Die obere Grenze ist bei Stahl etwa $HRb\,100 \approx HRc\,21 \approx HB\,240$, die untere Grenze ist bei Nichteisenmetallen $HRb\,30 \approx HB\,70$. Bei dem hohen Belastungsgrad findet bei harten Teilen bereits eine unerträgliche Abplattung der Kugel und somit Falschmessung statt; man soll daher nicht zu harte Teile messen und Hartmetallkugeln verwenden. Einfluß der Kugelplattung und des Belastungsgrades s. in Abb. 9, S. 12.

14. Die Skala.

Die *Meßuhren* der Rockwell-Prüfgeräte haben in der Regel *2 Skalen*, eine für die HRc-Messung und eine für die HRb-Messung. Die HRb-Skala ist gegen die HRc-Skala um 30 Teilstriche verschoben, sie hat ebenfalls 100 Skalenstriche. Man stellt in beiden Fällen vom gleichen Punkt aus ein, hieraus ergibt sich eine Erweiterung der HRb-Messung in Richtung weich und eine Beschneidung in Richtung hart. Dies ist zweckmäßig, da mit der Kugel infolge der starken Abplattung (hoher Belastungsgrad s. oben) harte Stoffe nicht mehr gemessen werden können (s. auch Abb. 21, S. 22).

$1°$ HRb ist ebenfalls wie bei der HRc-Messung 2μ. Die Differenz e zwischen dem Nullpunkt und der bleibenden Eindrucktiefe bestimmt den Härtewert: $HRb = 130 - e$ (vgl. Abschn. 1, S. 22). Bei der HRb-Messung, an welcher die Nulleinstellung bei 30 Skalenteilen erfolgt, kann — da weiche Stoffe gemessen werden sollen — eine bleibende Eindrucktiefe von 100 und mehr Skalenteilen, also eine volle Zeigerumdrehung und mehr vorkommen. Im übrigen gilt für die HRb-Messung sinngemäß alles für die HRc-Messung Gesagte. Die HRb-Messung wird im Ausland mehr verwendet als in Deutschland.

Es soll nur im Bereich $HRb = 35 - 100$ gemessen werden. Zuweilen wird die HRb-Messung auch mit 150 kg Last ausgeführt, um doch noch etwas härtere Teile messen zu können. Hier wird dann der Belastungsgrad sogar $150:2{,}5 = 60$. Man bekommt verhältnismäßig größere Eindringtiefen, aber auch noch stärkere Abplattung der Kugel und dadurch u. U. noch mehr Ungenauigkeit. Daher soll in diesem Fall nur mit einer Hartmetallkugel gearbeitet werden. Bei der HRb-Prüfung bildet sich infolge des hohen Belastungsgrades ein starker Wulst, der natürlich je nach Fließfähigkeit des Stoffes und nach seiner Härte verschieden ist und damit auch etwas verschiedene Meßergebnisse verursacht. Natürlich gilt hinsichtlich der Mindeststärken und der kleinsten Durchmesser, die geprüft werden können, das für die Brinell-Messung Gesagte. Die Eindruck-Durchmesser liegen zwischen 0,6 und 1,2 mm, damit ergeben sich, wenn die Teile wieder 1,5 mal d stark sein sollen, Mindeststärken für weiche Teile ($HRb = 20$) von 2 mm, für härtere Teile ($HRb = 100$) von etwa 1 mm. Im übrigen gilt das für die HRc-Messung Gesagte sinngemäß auch hier — die Mindeststärke muß sein:

$$s = 10 \cdot e = 20\,(130 - HRb)\,\mu.$$

In Abb. 28 sind auch für HRb einige Werte angegeben.

15. Kennzeichen der Rockwell-Verfahren.

Auch bei den ROCKWELL-Prüfverfahren muß der angewendete Eindruckkörper und die angewendete Last angegeben werden. Hinter dem Kennzeichen HR für das ROCKWELL-Verfahren (H = Härte, R = Rockwell) wird die Art des Eindruckkörpers angegeben (c für Kegel oder b für Kugel, vgl. S. 22), also HRc für Diamantkegel, HRb für Kugel.

Dahinter wird, wenn von der Normlast abgewichen wird (150 kg für HRc und 100 kg für HRb) die Last angegeben, also z. B. HRc 62,5 oder HRb 150. Hinter diesen Kennzeichen kommt nach den Gleichheitsstrichen der ermittelte Härtewert, also z. B. HRc = 60.

Wird nicht nur eine andere Last, sondern auch ein anderer Eindringskörper, also beim Rb-Verfahren etwa eine andere Kugel verwendet, so ist auch dies anzugeben, z. B. HRb 2,5/187,5 = 50 bedeutet, daß mit einer 2,5 mm-Kugel und einer Last von 187,5 kg auf der ROCKWELL-B-Skala eine Härte von 50 ermittelt wurde (s. auch Tabelle 2, S. 30).

Auch hier sei darauf hingewiesen, daß im übrigen die genauen Bedingungen in den Prüfvorschriften enthalten sein müssen und daß die Werkstatt keine anderen anwenden darf. Da die Rockwell-Prüfung für Schiedsmessungen nicht geeignet ist, kann auf der Zeichnung etwa in (—) die entsprechende Vickershärte angegeben werden.

16. Messung von Einsatztiefen.

In der Praxis entsteht nicht selten die Aufgabe, an eingesetzten (aufgekohlten, zementierten) Teilen die Stärke der mehr oder weniger dicken Oberflächenschicht, u. U. auch deren Härte, zu messen. Die Härte der Oberflächenschicht ist deshalb wichtig, weil sie für den beabsichtigten Zweck von entscheidender Bedeutung ist. Die Schichtdicke, die auf Grund des Herstellverfahrens meist nicht sehr genau eingehalten werden kann, ist deshalb wichtig, weil natürlich nach dem etwaigen Fertigschleifen eines solchen Teils immer noch eine genügend starke und auch genügend harte Oberflächenschicht vorhanden sein soll. Eine *zu dicke* Schicht gefährdet aber ein derartiges Teil u. U., weil der Querschnitt des zähbleibenden Kerns zu klein wird; letzterer soll ein mehrfaches des Schichtquerschnitts betragen. Hier bietet die Anwendung verschiedener Lasten bei der Härteprüfung und damit verschiedener Eindrucktiefen eine gewisse Prüfmöglichkeit. Man erinnere sich folgender Gegebenheiten:

1 HR-Grad ist = einer Eindrucktiefe von 2μ.

Es entstehen Eindrucktiefen von 40 bis 200μ (s. Tabelle 2, S. 30).

Daß die HRb-Messung trotz der kleineren Last und der Kugel als Eindringkörper gleich tiefe Eindrücke erzeugt, rührt daher, daß sie für weichere Stoffe verwendet wird (Abb. 21 u. 23, S. 22/23).

Es wurde auch bereits mehrfach zum Ausdruck gebracht, daß außer der meßbaren Eindrucktiefe ein gewisses Durchdrücken in das Grundmaterial hinein stattfindet, dessen Tiefe ein Mehrfaches der meßbaren Eindrucktiefe ist. Man kann also verhältnismäßig tief in den Stoff hineintasten. Mit der Vickers-Messung kann man bei kleinen Lasten Eindrucktiefen von nur 20μ erreichen.

Hat nun ein solches eingesetztes Teil eine Schichtdicke von 0,1 mm, die sehr hart sein soll, so läßt sich diese Härte mit der normalen Rockwell-Prüfung nicht mehr feststellen, weil eine 0,1 mm-Schicht mit 150 kg Last durchgedrückt wird. Dies ergibt sich daraus, daß in dem weichen Kern, dessen Härte zu HRc = 30 angenommen sei, eine Eindrucktiefe von $(100-30) \cdot 2 = 140 \mu$ entstehen würde. In einem genügend dicken Körper etwa mit der Härte HRc = 65 würde eine Eindrucktiefe von $(100-65) \cdot 2 = 70 \mu$ entstehen. Da die Schicht nur 100μ dick ist, wird noch ein Durchdrücken in den weichen Kern stattfinden. Es wird sich also ein Zwischenwert zwischen HRc $= 30$ u. 65 einstellen, der abhängig ist von der Härte der Schicht, von der Dicke der Schicht und von der Härte des Kerns. Wenn infolge des Einflusses drei verschiedener Faktoren auch keine exakte Messung mehr möglich ist, so läßt sich damit doch eine gewisse Überwachung erreichen.

Wäre also z. B. die Eindrucktiefe in einem durchgehärteten Stoff 70μ, so ist klar, daß bei einer Schichtdicke etwa von der 10fachen Eindrucktiefe, also von 0,7 mm, bestimmt kein Durchdrücken mehr in den weichen Kern stattfindet. Man wird also, falls man an einem solchen eingesetzten Teil etwa HRc $= 65$ messen sollte, mit hoher Sicherheit sagen können, daß die Schicht dicker als 0,7 mm ist. Umgekehrt kann man, falls man eine Härte von unter HRc $= 60$ mißt, mit einiger Sicherheit sagen, daß die Schicht voraussichtlich dünner als 0,5 mm sein wird.

Man kann also evtl. Schichten unter 0,5 mm Dicke erkennen. Da man nie sicher weiß, ob eine Abweichung nach unten auf eine dünnere oder weichere Schicht zurückzuführen ist, muß man im Zweifelsfall versuchen, die Härte der Schicht selbst zu messen. Hierzu ist die Verwendung einer kleineren Last geeignet. Bei 60 kg Last würde z. B. die Eindrucktiefe bei HRc $= 65$ nicht mehr 70, sondern nur noch 30μ werden. Damit würde sich eine 0,2—0,3 mm dicke Schicht bereits auf ihre wahre Härte messen lassen. Mit noch kleineren Lasten, wie sie bei der Vickers-Prüfung möglich sind, lassen sich noch dünnere Schichten auf ihre wahre Härte messen.

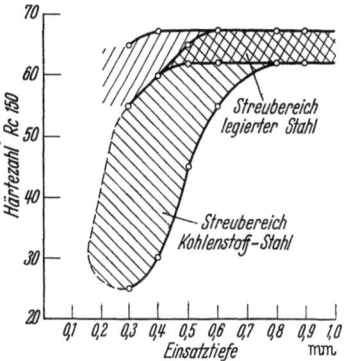

Abb. 29. Zusammenhang zwischen Einsatztiefe und Härtezahl bei Wasserhärtung.

Man kann also solche Teile etwa alle zunächst mit HRc 60 messen; erreichen sie damit den Wert 85[1], dann ist die Schicht bestimmt hart und bestimmt auch 0,2 mm dick. Mißt man anschließend alle Teile noch einmal mit HRc 150, und sie messen dort weniger als 65, dann ist die Schicht bestimmt nicht dicker als 0,5 mm und der Kern ist bestimmt weicher als HRc $= 65$.

Abb. 29 zeigt Kurven, nach welchen auf Grund einer HRc 150-Messung auch die Einsatztiefe gemessen werden kann. Die Kurven gelten für Wasserhärtung; bei Öl- oder Stufenhärtung ändern sich die Werte, es wird dort noch schwieriger, auf diese Weise die Einsatztiefe zu ermitteln. Ob man sich mit einer Messung begnügen will, oder sich zu zwei Messungen mit verschiedenen Lasten entschließt, hängt von der angestrebten Zuverlässigkeit ab. Mit der Methode kann man Schichtdicken zwischen 0,1 und 0,5 mm mit einiger Genauigkeit messen. Das Ergebnis ist natürlich desto zuverlässiger, je geringer die Kern-Härte im Vergleich zur Schicht-Härte ist. Bei legierten Stählen, wo die Kern-Härte verhältnismäßig hoch ist, geht das Verfahren deshalb praktisch nicht mehr.

17. Hinweise, Abarten.

Es gibt auch *tragbare Rockwell-Härteprüfer* (Abb. 30). Bei diesen wird die Last durch eine Feder erzeugt, welche mit einer Schraube gespannt wird. Ein solches Gerät hat z. B. zwei Meßuhren, von welchen die eine die Last und die andere die Eindrucktiefe anzeigt. Ein derartiges Gerät ist zwar etwas umständlicher zu hand-

---

[1] Umrechnungstabellen liefern in der Regel die Hersteller der Prüfgeräte mit. Sie werden deshalb diesem Heft nicht beigegeben.

haben, wird auch niemals die Genauigkeiten eines stationären Apparates ergeben, für Sonderfälle mag es aber zweckmäßig sein. Es ist ganz besonders darauf zu achten, daß die Geräte vor Beginn einer Messung auf dem Prüfstück absolut festgespannt sind. Diese Geräte arbeiten meist auch mit kleineren Lasten, z. B. 60 kg.

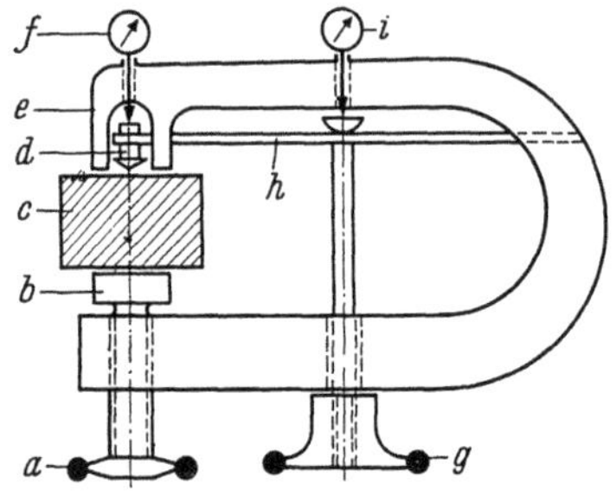

Eine Abart des Rb-Verfahrens ist auch das *Durometer*. Es arbeitet ebenfalls mit einer Feder welche die Last erzeugt; die Eindrucktiefe wird mit einer Mikrometerschraube gemessen.

Es sei auch auf das *Normal-Härteprüfgerät* verwiesen[1]. Dieses ist konstruktiv so gestaltet, daß die verschiedenen Fehlermöglichkeiten wie Reibung, Federung, schlechte Auflage usw. weitgehend ausgeschaltet sind. Das Gerät eignet sich nicht für den Betrieb, sondern nur für Forschungs- und Eichstellen.

Abb. 30. Schematische Darstellung eines tragbaren Rockwell-Gerätes.

a Höhenverstellung; *b* Tisch; *c* Prüfling; *d* Eindringkörper; *e* Anschlag; *f* Meßuhr für Eindrucktiefe; *g* Handrad für Federspannung; *h* Feder; *i* Meßuhr für Belastungsanzeige.

Sonderausführungen von Rockwell-Geräten gestatten, die Härte in Bohrungen zu messen. Will man nicht sehr tief in die Bohrung hineingreifen, so kann das auf einem gewöhnlichen Gerät mit einer Anordnung gemäß Abb. 31 geschehen, natürlich wird man dabei etwas an Genauigkeit verlieren.

Wo man tiefer, etwa in ein Rohr, hineingreifen will, muß man zu Sondergeräten übergehen, wie sie die Geräteindustrie liefert.

Das einzige Härteprüfgerät, welches als *Automat* gebaut werden kann, ist das Rockwell-Gerät. Die Meßuhr kann mit Kontakten versehen werden, welche Anzeigelampen oder auch Weichen zum Sortieren der Prüflinge steuern. Geräte, bei welchen sich die Meßuhr nach Aufbringen der Vorlast automatisch auf 0 einstellt (eine erhebliche Erleichterung auch für das normale Gerät) gibt es bereits. Man braucht also nur noch den Tisch in einem bestimmten Takt zu heben und zu senken, um den Automaten- oder Halbautomaten zu haben.

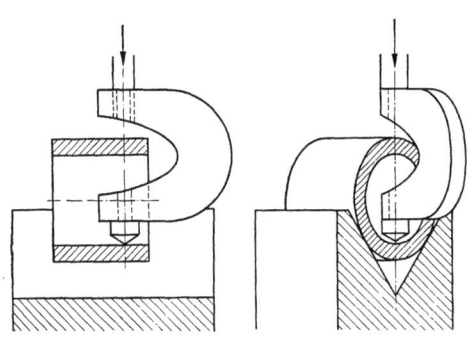

Abb. 31. Rockwellprüfung in einem Ring.

Da manche Geräte sowieso die Prüflast mit Motorantrieb heben und senken (WOLPERT, REICHERTER), ist der Schritt nicht so sehr groß. Im allgemeinen lohnt sich ein Automat nur bei großen Stückzahlen gleicher Teile. Da eine genaue Messung die Einhaltung der Belastungsgeschwindigkeit und Belastungszeit voraussetzt, diese also auch beim Automat nicht — oder nur wenig — geändert werden kann, ist seiner Leistung eine Grenze gesetzt.

Man kann außer mit der Kugel (HRb) eine *Rockwell-Messung* auch mit dem *Vickers-Diamanten* machen, erhält dann natürlich andere Werte und muß diese umrechnen. Da das Umrechnen bzw. Umeichen aber immer mit Fehlern behaftet ist, sollte man es nur im Notfall machen.

Sogenannte *Oberflächen-Härteprüfer* (Super-Rockwell und Ultra-Testor) arbeiten mit kleineren Lasten, um kleinere Eindrucktiefen zu bekommen. Die kleinste an-

---

[1] Näheres siehe: K. MEYER Härterei-Technische Mitteilungen Bd. 2 (1943).

gewendete Last ist 15 kg beim Super-Rockwell, die Vorlast 3 kg; beim Ultra-Testor 5 kg bzw. 350 Gramm (s. Tabelle 2, S. 30). Für solche Geräte sind natürlich nicht nur ausgesucht gute, sauber polierte Diamanten notwendig, deren Abrundungsradius an der Spitze genau stimmt; sie erfordern auch, daß alle Einspannfehler und Verformungen durch schlechte Auflage usw. vermieden werden. Für weichere Stoffe arbeiten solche Geräte auch mit Kugel. Für die Auswertung bzw. Umrechnung müssen besondere Umrechnungstabellen verwendet werden.

Es gibt *Umrechnungstabellen* und Kurven zum Übersetzen der Rockwell-Werte in Brinell-Werte und in Festigkeiten. Man beachte dabei das im Abschn. II 7 Gesagte, wonach ein anderer *Belastungsgrad* auch andere Werte liefert. Es kann deshalb nur eine angenäherte Umrechnung möglich sein. Es sei noch einmal besonders darauf hingewiesen, daß insbesondere bei unhomogenen Stoffen, oder bei Stoffen, deren Härte sich über den Querschnitt ändert, wie z. B. bei gezogenen Stahlstangen, sich allein schon wegen des verschieden großen durch den Eindruck erfaßten Querschnittes verschiedene Härten ergeben müssen. Für den letzteren Fall wurde daher genau festgelegt, an welcher Stelle des Querschnitts die Härte zu messen ist.

Man achte darauf, daß die *Auflagefläche des Prüflings* nicht zu groß, bzw. die spezifische Pressung an der Auflage nicht zu klein ist, damit Unebenheiten und Unsauberkeiten bereits durch die Vorlast ausgeglichen werden können. Die Auflagen (Amboß) sind stets zu härten. Ein grober Fehler wäre es, auf dem Amboß etwa Eindrücke zu machen, wozu man leicht verleitet werden kann, weil bekanntlich nach jedem Diamantwechsel vor Beginn der Messungen einige Eindrücke zu machen sind. Ein noch gröberer Verstoß gegen alle Regeln der Genauigkeit wäre es, solche Eindrücke auf der Rückseite von Eichplatten zu machen, was man leider immer wieder beobachten kann. Auf den feinen Wulsten, die um einen solchen Eindruck herum bestehen, kann natürlich keine unnachgiebige Auflage stattfinden. Auch ist zu beachten, daß bei nicht genügend dicken Eichplatten (wie sie manchmal selbst angefertigt werden), infolge der Tiefenwirkung eines Eindrucks möglicherweise ein gegenüberliegender Eindruck auf eine verdichtete Stelle stößt, was Falschmessungen verursacht. Im übrigen ist die Selbstanfertigung von Eichplatten, oder das Abschleifen solcher, sehr bedenklich und nicht zu empfehlen. Im Gegenteil empfiehlt es sich im Interesse der Genauigkeit, nur Eichplatten mit einem amtlichen Eichzeugnis zu benutzen. Bei ,,verspannten" Geräten kann die Eichplatte, infolge Verdichtung, härter werden.

V. Die dynamischen Verfahren.

Neben den bisher beschriebenen Prüfverfahren, die umfangreichere Geräte erfordern, gibt es auch einfache Verfahren mit einfacheren Geräten, die leicht an Roh- oder Maschinenteile heranzubringen sind und rasche Ergebnisse liefern. Es sind dies die Schlaghärte- und Rückprallgeräte. Diese Geräte arbeiten nicht mehr mit einer statischen Last, sondern mit einem Schlag. Während die statischen Verfahren messen, welche bleibende Verformung unter einer bestimmten Last auftritt, messen die dynamischen Verfahren, welche Arbeit der zu prüfende Stoff elastisch aufzunehmen vermag. Hierin liegt der grundsätzliche Unterschied im Verfahren und auch die Ursache für die verschiedenen Ergebnisse.

1. Der Schlaghärte-Prüfer nach Professor BAUMANN.

arbeitet mit einem kleinen Hammergewicht. Der Vorgang ist folgender:

Ein Schlagbolzen bzw. seine Kugel wird gegen die zu prüfende Stelle gedrückt. Am Ende einer Feder liegt ein Gewicht (Hammer). Die Feder wird gespannt und nach Erreichen des höchsten Punktes durch eine Klinke ausgelöst; das Gewicht wird von der Feder nach unten getrieben und schlägt auf den Schlagbolzen auf. Der entstehende Eindruck-Durchmesser wird wie bei der Brinell-Prüfung ausgemessen.

Ein Vorteil dieses Verfahrens ist, daß die Prüfstelle durch das Aufklemmen der Prüfkugel vor dem Schlag etwas gereinigt und geglättet wird, sowie natürlich, daß man ein kleines tragbares Gerät hat. In ähnlicher Weise arbeiten auch andere Bauarten von Schlaghärteprüfern.

Es handelt sich also um eine Abwandlung des Brinell-Verfahrens; insofern gilt sinngemäß das dort Gesagte. Abweichend von der Brinell-Prüfung ist die dynamische Beanspruchung des Prüflings; die daraus entstehenden Folgen wurden bereits angedeutet. Man kann für bestimmte Stoffgruppen die Geräte eichen und dann die Ergebnisse in Härtezahlen umrechnen. Selbstverständlich können von einem so vereinfachten Gerät nicht die Genauigkeiten eines großen Brinell-Härteprüfers erreicht werden; außerdem weicht ja das Verfahren auch hinsichtlich der Belastungsdauer, Belastungsgrad usw. von der Brinell-Prüfung ab.

Um verschieden harte Stoffe prüfen zu können, kann man verschiedene Federn und auch verschiedene Kugeldurchmesser (10 und 5 mm) verwenden. Näheres ist in den Prospekten der Lieferfirma ersichtlich. Das Gerät muß von Zeit zu Zeit neu eingestellt werden; dazu verwendet man einen von der Lieferfirma mitgegebenen Probestab. Das Einstellen selbst geschieht durch Verändern der Federspannung und damit der Schlagarbeit.

2. Der Fall-Härteprüfer nach Dr. M. von SCHWARZ.

Bei diesem Gerät ist die Federkraft durch ein 0,5 m frei fallendes Gewicht ersetzt. Durch Verwendung verschiedener Gewichte (0,25 und 1 kg) erreicht man verschiedene Schlagleistungen. Der Eindruck-Durchmesser wird wieder mit der Brinell Lupe ausgemessen und die Härte in Brinell-Einheiten (kg/mm²) angegeben. Es ist klar, daß, bei diesem Gerät ebenso wie beim vorhergehenden, der Prüfling die Schlagarbeit nicht federnd aufnehmen darf, also eine genügend große Masse haben muß (> 30 kg). Wo er das nicht hat, muß er gut und ohne jede Federung auf einen Amboß oder ähnliches gelegt werden.

Das Gerät ist wie der BAUMANN-Härteprüfer für alle Stoffe geeignet, für die sich das Brinell-Verfahren eignet. Man muß bei derartigen Geräten selbstverständlich sehr darauf achten, daß der Schlag senkrecht auf die Prüffläche ausgeübt wird und daß die Schlagrichtung senkrecht zum Masseschwerpunkt zielt. Da sich alle die Forderungen, keine Federung, Schlag senkrecht zur Prüffläche und Schlagrichtung zum Masseschwerpunkt, nicht immer völlig zuverlässig einhalten lassen, streuen die Ergebnisse auch stärker. Man muß deshalb mehrere Messungen machen, wobei angenommen werden darf, daß die geringeren Härtewerte die richtigen sind, da etwaige Fehler sich alle in Richtung zu hoher Härte auswirken.

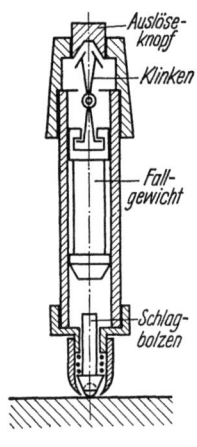

Abb. 32. Fallhärteprüfer nach Dr. M. SCHWARZ.

3. Der Kugelschlag-Härteprüfer mit Vergleichsstab.

Bei den beiden unter 1 und 2 genannten Geräten wird in einem Fall eine Feder gespannt und im anderen ein Gewicht angehoben. Beide Geräte haben somit einen

Krafterzeuger. Der Schlaghärteprüfer, Bauart Poldihütte, verzichtet hierauf und verwendet als Krafterzeuger den menschlichen Arm, indem man mit einem gewöhnlichen Hammer auf den Schlagbolzen der Prüfeinrichtung schlägt. Man kann natürlich nicht erwarten, daß die dabei entstehende Schlagleistung so gleichmäßig ist, daß hieraus eine Messung abgeleitet werden kann. Dies wird möglich, indem man zwischen die Prüfkugel und den Schlagbolzen einen Vergleichsstab bekannter Härte einschaltet. Da die Prüfkugel eine verschwindend kleine Masse hat, wird sie unter genau gleichen Bedingungen in den Vergleichsstab wie in den Prüfling hineingedrückt. Daher kann man durch Ausmessen beider Eindrücke auf die Härte des letzteren schließen. Diese verhält sich zu der der Vergleichsprobe umgekehrt wie die Oberflächen der beiden Eindrücke:

$$\frac{H \text{ Prüfling}}{H \text{ Vergleichsprobe}} = \frac{O \text{ Vergleichsprobe}}{O \text{ Prüfling}} \text{ oder}$$

$$H \text{ Prüfling} = \frac{O \text{ Vergleichsprobe}}{O \text{ Prüfling}} \times H \text{ Vergleichsprobe}$$

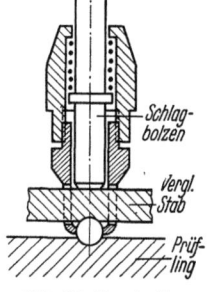

Abb. 33. Kugelschlagprüfer, Bauart *Poldihütte*.

Da die Härte der Vergleichsprobe bekannt ist, kann für sie eine Tabelle oder Kurve angelegt werden, aus welcher die den beiden Eindruckdurchmessern entsprechende Härte des Prüflings zu entnehmen ist.

Die Verwendung der Vergleichsprobe ist zwar eine kleine Erschwerung, doch hat man dreierlei gewonnen:

a) Man ist frei von Feder und Gewicht und damit auch frei von der senkrechten Aufstellung und ähnlichem.

b) Man kann an Maschinenteilen an beliebiger, sonst unzugänglicher Stelle messen.

c) Der Fehler durch zu kleine Maße des Prüflings oder durch nicht zum Masseschwerpunkt zielenden Schlagrichtung wird in jedem Fall kleiner. Näheres entnehme man den Prospekten der Lieferfirmen, die auch Vergleichstabellen liefern.

4. Die Rücksprung-Härteprüfer.

Die unter 1 bis 3 beschriebenen Geräte erfordern immer noch ein Ausmessen des Kugeldruckes. Sie sind insofern, trotzdem sie hinsichtlich der dynamischen Beanspruchung von der Brinell-Prüfung grundsätzlich abweichen, dennoch als Abarten derselben zu verstehen. Die Rücksprunggeräte verlassen die Brinell-Methode nun vollständig und messen die Federung des Prüflings. Sie arbeiten alle damit, daß sie ein Fallgewicht aus bestimmter Höhe auf den Prüfling auffallen lassen und dann dessen Rücksprunghöhe messen. Das Fallgewicht ist so gewählt, daß immer ein Teil seines Arbeitsinhaltes für bleibende Verformung verbraucht wird. Bei hartem Stahl z. B. beträgt bei einer Fallhöhe von 140 mm die Rücksprunghöhe 100 mm, die Differenz von 40 mm wird also für bleibende Verformung verbraucht.

Für jeden Stoff besteht ein bestimmtes Verhältnis zwischen der den Rücksprung erzeugenden *Elastizität* und seiner Härte. Man kann infolgedessen aus der ersten auf letztere schließen. Je *härter* ein Stoff ist, desto höher liegt in der Regel auch seine Elastizitätsgrenze (s. Abb. 1, S. 5, Punkt E), desto mehr wird also das Fallgewicht zurückprallen. Man muß sich bewußt sein, daß dieses Verhältnis zwischen *Härte* und *Elastizität* bei verschiedenen Stoffen sehr verschieden ist. Wenn man etwa an einem weicheren Stahl und an hartem Aluminium dieselbe Rücksprunghöhe mißt, dann heißt das nicht, daß beide Stoffe gleich hart sind; man kann nur gleichartige Stoffe miteinander vergleichen.

Die Werkstoffe nehmen elastische Arbeit in verschiedenem Maße auf. Auch ist die elastische Rückformungsgeschwindigkeit sehr verschieden.

Abb. 34 zeigt den Vergleich der Duroskophärte mit der Brinellhärte. Man sieht daß z. B. bei Kohlenstoffstahl und Chromnickelstahl bei gleicher Brinellhärte verschiedene Duroskophärten entstehen.

Für manche Zwecke ist es gut, den Unterschied zwischen Eindringhärte und Rücksprunghärte zu kennen. Letztere ist im Grunde *keine Härte* im Sinne der Härtedefinition, sondern eine Maßzahl für die Fähigkeit, Arbeit elastisch aufzunehmen, also für die Federung. Überall wo man statt der *Eindringhärte* dieses Federn messen möchte, ist der Rücksprung-Härteprüfer am Platz. Gleich *eindringharte* Stoffe mit verschiedener Rückprallhärte können desto mehr elastische Arbeit aufnehmen, je höher ihre Rücksprunghärte ist; d. h. sie vermögen einen größeren Teil von Schlägen und Stößen aufzufangen, sie werden also eine höhere Dauerfestigkeit haben. Hieraus würde sich zweifellos ein interessantes und nützliches Anwendungsgebiet dieser Prüfgeräte ergeben. Da aber ihre Handhabung einiges Geschick und einige Sorgfalt erfordert, haben sie sich nicht in dem Maße eingeführt, wie es auf Grund oben geschilderter Möglichkeiten wünschenswert wäre.

Diese kleinen Rückprallgeräte haben auch noch eine andere interessante Anwendungsmöglichkeit. Es sei kurz noch einmal wiederholt:

Im ersten Augenblick, nachdem der Hammer auf die Oberfläche des Prüflings aufschlägt, wird zunächst eine elastische Verformung eintreten und zwar solange, bis die Elastizitätsgrenze des Stoffes erreicht ist. Danach findet zusätzlich eine bleibende Verformung statt, bis durch beide zusammen der Arbeitsinhalt des Hammers aufgebracht ist. Ist nun der Prüfling bereits elastisch vorgespannt, z. B. eine belastete Brückenstrebe, so wird natürlich bei dem eben geschilderten Vorgang die elastische Grenze, von welcher ab eine bleibende Ver-

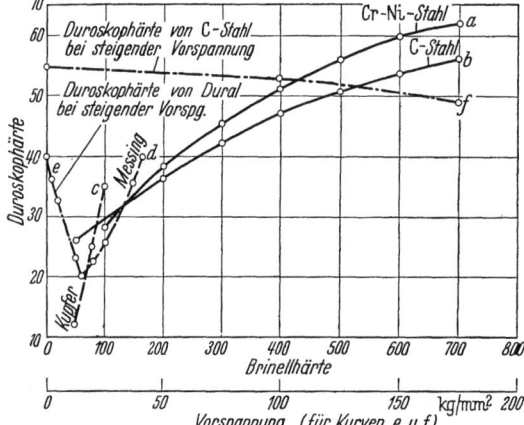

Abb. 34. Zusammenhang zwischen Eindruckhärte und Rückprallhärte. *a* CrNi-Stahl; *b* C-Stahl; *c* Kupfer; *d* Messing; *e* Duroskophärte von Dural bei steigender Vorspannung; *f* Duroskophärte von C-Stahl bei steigender Vorspannung.

a und *b* CrNi-Stahl und C-Stahl gleicher Brinellhärte — etwa HB500 — haben sehr verschiedene Rückprallhärten. *c* und *d* Kupfer und Messing gleicher Härte, z. B. 100, haben erheblich verschiedene Rückprallhärten. *e* und *f* zeigen den Einfluß einer „Vorspannung" auf die Rückprallhärte.

formung stattfindet, früher erreicht sein. Infolgedessen wird die Rücksprunghärte kleiner gemessen werden. Man kann auf diese Weise *Spannungen im Prüfling feststellen*, insbesondere in belasteten Konstruktionsteilen. Die Kurven *e* und *f* in Abb. 34 zeigen, daß bei Stahl, aber noch mehr bei Dur-Aluminium, an vorgespannten Proben ganz merklich kleinere Rückprallhärten gemessen werden. Natürlich muß man in solch einem Fall vorher die Härte am unbelasteten Teil aufnehmen, da sie von der Dicke und Masse des Teils usw. abhängig ist. Abb. 34 zeigt in Kurve *e* und *f*, daß zunehmende Spannung auf einem Teil sich durch fallende Duroskop-Härte bemerkbar macht. Auch nimmt durch Kaltverformen die Härte eines Stoffes bekanntlich zu. Man kann auf diese Weise z. B. Kupfer ohne weiteres auf die Härte von Messing bringen. Da, wie oben gesagt, das Verhältnis der Rückprallhärte zur Eindringhärte eine spezifische Stoffeigenschaft ist, kann man durch Feststellen desselben einen guten Einblick in den Stoff gewinnen. Näher hierauf einzugehen, ist an dieser Stelle nicht möglich.

Auch zur Messung der *Oberflächenhärte* sind die Rückprallgeräte geeignet. Man wird mit ihnen eine dünne entkohlte Schicht feststellen können, da der Schlag nur wenig in die Tiefe geht. Umgekehrt kann man auch etwa die Tiefe und Härte einer aufgekohlten Oberflächenschicht messen, in gewissen Grenzen natürlich. Im Betrieb des Verfassers sind z. B. einmal einige hundert fertigmontierte Apparate mit einem solchen Gerät auf Dicke der Einsatzschicht eines Nockens geprüft worden, ohne daß sie demontiert werden mußten. Natürlich muß das Teil, das geprüft werden soll, massiv genug sein oder eine gute, satte Auflage haben.

Da mit den Rückprall-Geräten fast nicht sichtbare Eindrücke gemacht werden, können sie zweckmäßig an Fertigteilen verwendet werden. Auch erlauben sie, infolge der Kleinheit der Eindrücke, eine große Zahl solcher nebeneinander zu machen. Es sei noch, wenn auch mit aller Vorsicht, bemerkt, daß nicht alle etwa auftretenden Streuungen im Ergebnis Unstimmigkeiten des Gerätes sind, sondern u. U. tatsächliche Härtestreuungen, wie sie eben nur ein derartiges Gerät in so einfacher Weise zu messen gestattet.

a) **Das Skleroskop** (Abb. 35). Ein kleines Fallgewicht kann in einem Rohr frei fallen. Dieses Rohr ist über einen Zahntrieb an einem Stativ beweglich angebracht und kann gegen den Prüfling gespannt werden. Der zunächst eingerastete Fallhammer fällt, nach Auslösung der Rastung, auf den Prüfling und prallt um ein gewisses Maß zurück. Das Gewicht des Fallhammers ist z. B. beim SHORE-Skleroskop 2,6 g, die Fallhöhe 112 mm, beim Skleroskop von NIEBERDING 20 g Fallgewicht, die Fallhöhe ebenfalls 112 mm; die Rücksprunghöhe für gehärteten eutektoiden Kohlenstoffstahl (0,89% C) ist 100 mm. Eine zweite Ausführung von NIEBERDING hat ein Fallgewicht von ebenfalls etwa 2,6 g, aber eine Fallhöhe von etwa 250 mm. Die Fallenergie ist also bei beiden NIEBERDING-Geräten höher als beim SHORE-Skleroskop. Durch das Glasrohr wird beobachtet, wie hoch der Hammer zurückspringt und an der daneben angebrachten Skala die Rücksprunghöhe abgelesen. Da es sehr wichtig ist, daß der Hammer frei und reibungslos, also senkrecht fällt, ist das Gerät mit einem Lot und mit einer Dreipunktauflage ausgestattet, so daß es genau justiert werden kann. Der Fallhammer

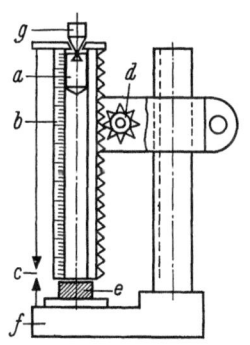

Abb. 35. Schematische Darstellung des Skleroskops.
a Fallgewicht; *b* Skala; *c* Lot; *d* Zahntrieb; *e* Prüfling; *f* Auflagetisch; *g* Fang- und Auslösevorrichtung.

wird mit einer besonderen Einrichtung hoch geschleudert und fängt sich dann selbsttätig in seiner oberen Ausgangslage, wonach das Gerät zu einer neuen Messung bereit ist. Die Prüflinge werden gegen einen gehärteten Amboß gespannt, so daß auch dünne und insbesondere kleine Teile geprüft werden können. Eine gewisse Abhängigkeit von der Masse des Prüflings bleibt dennoch bestehen. Das Gerät erlaubt ein außerordentlich rasches Messen.

b) **Der Sklerograph.** Etwas einfacher ist der Sklerograph. Eine *Fallstange* kann ebenfalls in einem Rohr frei fallen, sie wird durch eine Sperrvorrichtung in ihrer obersten Ausgangslage festgehalten und, nachdem das Gerät senkrecht auf den Prüfling aufgesetzt ist, durch einen Auslöseknopf freigegeben. Die nach dem Aufprall zurückspringende Fallstange wird durch eine Fangvorrichtung in der obersten Rückprallstellung automatisch festgehalten. Die Fallstange hat am unteren Ende eine Stahlkugel von 5 mm ⌀ und ein Gewicht von 50 g.

Der Mikrosklerograph hat eine Stahlkugel von 2,5 mm ⌀ und ein Fallgewicht von 20 g.

c) **Das Duroskop** (Abb. 36) enthält statt des frei senkrecht fallenden Rückprall-Gewichtes ein pendelnd auf einem Kreisbogen schwingendes Gewicht. Man erreicht damit ein handlicheres Gerät, einen auf einen kleinen Bruchteil verringerten Reibungsweg und damit entsprechend höhere Genauigkeit. Das in seiner obersten Lage festgehaltene Gewicht kann wieder durch einen Druckknopf ausgelöst werden. Natürlich ist es wichtig, daß das Gerät genau senkrecht gehalten wird, es hat deshalb eine Libelle. Der zurückprallende Hammer nimmt einen Schleppzeiger mit und zeigt damit auf einer Bogenskala die Rücksprunghärte an.

Das Gerät gibt es in gewöhnlicher Ausführung, bei welcher der Hammer direkt auf den Prüfling aufschlägt und in einer Abart (Pendoskop), bei welcher ein Vorsatzgerät angebracht ist. Dieses hat einen kleinen Amboß, der sich federnd gegen den Prüfling legt, dem er als Zwischenglied zwischen Prüfling und Fallgewicht dient.

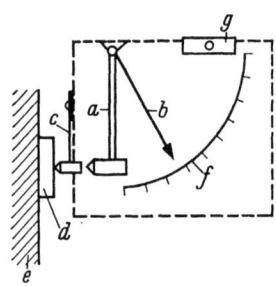

Abb. 36. Schematische Darstellung des Duroskops.

a Fallhammer; b Schleppzeiger; c Feder mit Schlagbolzen; d Prüfling; e Widerlager (Amboß); f Skala; g Wasserwaage.

Dieses Vorsatzgerät hat den Vorteil, daß das Fallgewicht immer auf die saubere Fläche des Ambosses schlägt, daß man den Prüfpunkt vorher genau aussuchen kann, und daß infolge der federnden Anlage kleine Unsauberkeiten am Prüfling weniger stören.

Natürlich geht jede Federung des Prüflings in die Messung ein. Man mißt deshalb z. B. in der Mitte eines Würfels eine geringere Rückprallhärte, als an seinen Ecken, weil bereits die dort auftretende Federung sich bemerkbar macht. Teile bis 2 kg Gewicht können direkt gemessen werden. Bei kleineren Teilen wird Prüfling samt Gerät gegeneinander gespannt, etwa in einem Schraubstock. Auch kann man sehr kleine Teile gegen einen etwa 3 kg schweren Amboß legen. Eindrücke sollen nicht näher als 1 mm nebeneinander liegen.

Das Gerät kann verwendet werden zur Prüfung von metallischen Teilen, zur Prüfung von Schweißnähten u. ä. aber auch zur Prüfung von Nichtmetallen wie Holz, Glas, Porzellan, Steinen, Hartgummi, Hartpapier usw.

VI. Feilen- u. Ritzhärteprüfung.

Die natürliche Härteskala von MOHS (s. Abschn. I, S. 4) ist für den Gebrauch in der Werkstatt nicht geeignet. Man hat deshalb für das Ritzen andere Verfahren entwickelt.

1. Feilenhärte.

Ein Verfahren, das für harte Teile verwendet wird, ist die *Feilenprobe*: Eine Prüffeile[1] bestimmter Härte und bestimmten Hiebes wird an dem Prüfling gestrichen und festgestellt, ob dieser angegriffen wird. Man kann damit etwa oberflächengehärtete Teile prüfen. Natürlich lassen sich genaue Messungen nicht machen; eine sehr dünne Oberflächenschicht kann durchgedrückt werden, so daß die Zähne in der weicheren Kernschicht *greifen*. Man muß also mit mäßigem Druck, mit Gefühl arbeiten. Umgekehrt kann es sein, daß bei geringem Druck eine ganz dünne, weiche Oberflächenhaut bemerkt wird und ebenfalls zu einem unsicheren Urteil führt. Solche Prüffeilen gibt es in verschiedenen Härten, so daß

---

[1] Dreikantfeile F 125 · 3, DIN 8336; Vickershärte an der Spitze HV ≥ 830 kg/mm².

man damit u. U. verschiedene Härtegrenzen prüfen kann. Besser, aber auch teurer ist der Härteprüfstab nach BUXBAUM (s. Werkstattbücher, Heft 46: Feilen). Auch das aus verschiedenen harten Ringen bestehende Prüfgerät nach STEINRÜCK sei erwähnt.

2. Lackhärteprüfung.

Das einfachste Lackhärte-Prüfgerät ist ein gewichtsbelasteter Stahlstift mit abgerundeter und polierter Spitze (Abb. 37). Man kann mit einem solchen Gerät feststellen, ob eine Lackschicht sichtbar geritzt oder eingedrückt wird. Es wird also nur das Über- oder Unterschreiten *einer Grenze* festgestellt. In mäßigen Grenzen kann man mit dem Gewicht und dem Spitzenradius des Griffels variieren.

Eine weitere Ritzprobe, die allerdings in einem anderen Gebiet der Härteskala arbeitet, ist die *Bleistiftprobe* (Abb. 38). Sie wird für die Prüfung von Lackhärten und ähnlichen verwendet. Man nimmt Zeichenbleistifte, die es in verschiedenen und gleichbleibenden Härten gibt, etwa Faber-Castell 7 H bis 7 B, zum Ritzen der zu prüfenden Fläche. Die Prüffläche

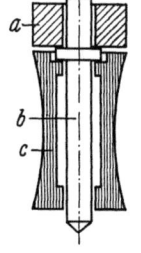

Abb. 37. Lackhärte-Prüfgerät.
a Gewicht; *b* Ritz-Griffel; *c* Handgriff.

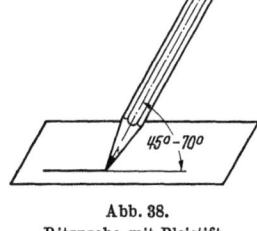

Abb. 38. Ritzprobe mit Bleistift.

hat die Härte, durch welche sie nicht mehr angeritzt wird, also z. B. 2 H, wenn der 2 H-Stift keine mit dem bloßen Auge erkennbaren Striche zeichnet. Man bekommt mit dieser Methode bereits eine ganz brauchbare Härteskala. Natürlich erfordert die Anwendung einiges Geschick, so daß sich dieses Verfahren nicht recht eingeführt hat.

3. Ritzhärte-Prüfer.

Auf dem Gebiet der Metalle und insbesondere der Stähle sind Geräte entwickelt worden, die genauere Zahlenwerte liefern, sie sind allerdings in der Handhabung ungleich umständlicher. Ein solches Gerät ist das *Ritz-Härteprüfgerät nach* MARTENS oder das ZEISS-*Diritest*.

Ein mit verschiedenen Gewichten belastbarer Diamant, der für verschiedene Zwecke verschiedene Formen hat, wird über den Prüfling bewegt und ein Strich gezogen (Abb. 39). Solche nebeneinander liegenden Striche werden mit jeweils geänderter Belastung wiederholt. Nachher wird die Strichbreite unter dem Mikroskop gemessen. Als Ritzhärte bezeichnet man nach MARTENS diejenige Belastung, die einen Strich von 0,1 mm Breite erzeugt. In ähnlicher Weise lassen sich Ritzhärten auch mit einigen Mikro-Härteprüfern messen. Derartige Geräte werden vorwiegend dazu verwendet, auf feingeschliffenen und polierten Proben festzustellen, ob im Mikrogefüge Bestandteile verschiedener Härten enthalten sind.

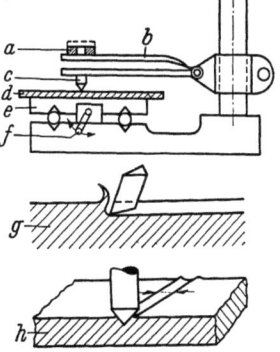

Abb. 39. Schematische Darstellung des Zeiß-Diritest.
a auswechselbares Gewicht; *b* Blattfeder; *c* Ritzstichel; *d* Prüfling; *e* Schlitten; *f* Kurbel für Schlittenbewegung; *g* eine Form des Stichels; *h* andere Form des Stichels.

VII. Kleinlast- u. Mikrohärteprüfung.

Will man sehr dünne Schichten, etwa galvanische Schichten, nitrierte Schichten oder dünne Folien oder auch einzelne Körper im Gefüge auf Härte messen, dann genügen die bisher beschriebenen Makro-Härteprüfer nicht mehr, weil infolge ihrer verhältnismäßig hohen Lasten für diesen Zweck viel zu große Eindrücke entstehen. Auch läßt sich dabei gar nicht sicher genug eine ganz bestimmte Stelle im Prüfling messen; ebenso sind die bisher beschriebenen Geräte nicht brauchbar, um z. B. die Härte eines Schneidewerkzeuges unmittelbar an der Schneide zu messen, weil infolge der hohen Lasten, insbesondere bei Hartmetall, ein Ausbrechen befürchtet werden muß. Aus demselben Grund können mit größeren Lasten keine spröden Stoffe wie etwa Glas, Karbide, Edelsteine u. ä. gemessen werden. Auch die Messung der nur wenig in die Tiefe gehenden Verhärtung an Stanzkanten oder an Trennflächen bei spanabhebender Bearbeitung ist mit den Makro-Geräten nicht möglich. Eine solche Messung würde aber evtl. wichtigen Aufschluß geben über die Güte eines Schneidewerkzeuges, über die an seinen Schneidkanten entstandene Beanspruchung und damit über seine voraussichtliche Lebensdauer. Ebenso könnte die Messung der Verhärtung an Trennstellen Aufschluß geben über die Brauchbarkeit des dazu verwendeten Schneidewerkzeuges oder sonstiger Bedingungen.

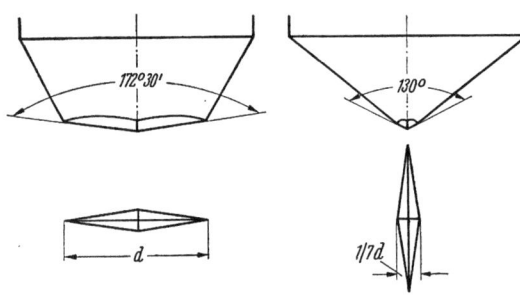

Abb. 40. Der Knoop-Diamant.

Der Mikro- und Kleinlast-Härteprüfer gehört zwar heute noch in das Laboratorium und in die Hand des Spezialisten, aber der Mann im Betrieb sollte doch über die wichtigsten Zusammenhänge und Möglichkeiten informiert sein. Auch erfordert die immer mehr in Erscheinung tretende Verfeinerung der Konstruktionen, der Stoffe und der Untersuchungs- und Fertigungsverfahren, daß gar nicht mehr so selten im Betrieb laufende Überwachungen der Fertigung durchgeführt werden müssen, die nur mit den Kleinlastgeräten gemacht werden können.

Das übliche Vickers-Gerät geht herunter bis auf 5 kg, bestenfalls und ausnahmsweise auf 1—2 kg. Mit 1 kg werden bei gehärtetem Stahl die Diagonalen nur noch 0,05 mm, sie sind also mit dem bloßen Auge nicht mehr zu erkennen und mit den gebräuchlichsten Vergrößerungen auch nicht mehr genügend genau abzulesen. Es sind deshalb für die angedeuteten Zwecke auch besondere Geräte entstanden. Sie arbeiten entweder mit der normalen 136° VICKERS-Pyramide — die natürlich bei den kleinen Lasten sehr klein und an der Spitze sehr genau ist — oder auch mit dem KNOOP-*Diamant* (Abb. 40). Dieser eignet sich für diese Zwecke ganz besonders, da er lange, schmale, rhombische Eindrücke ergibt; das Verhältnis seiner beiden Diagonalen ist 7:1, die Winkel sind über zwei Kanten 172°30′, über die beiden anderen 130°. Die Eindrucktiefe wird nur etwa $1/30$ der langen Diagonale gegenüber etwa $1/7$ beim Vickers-Diamant. Die Winkel sind so abgestimmt, daß die lange Diagonale bei der gleichen Härte gleich groß wird wie die Diagonale beim Vickers-Diamant. Die angewendeten Belastungen liegen bei diesen Geräten zwischen 1 g und 1000 g. Geräte mit dem Lastbereich von 1—200 g kann man als *Mikro-Härteprüfer* und solche mit dem Lastbereich von 200—1000 g als *Kleinlastprüfer* bezeichnen. Mit diesen Belastungen ergeben sich Diagonalen von nur noch 5 μ

Länge. In dieser Größenordnung liegen auch die Gefügebestandteile, die sich noch prüfen lassen.

Für die Berechnung der *Mikrohärte* gelten dieselben Formeln wie für die Vickers-Prüfung, jedoch wird P in g und d in μ eingesetzt. Dadurch ändert sich die Konstante von 1,8544 in 1854,4 also:

$$HV = \frac{1854,4 \cdot P}{d^2} \text{ kg/mm}^2.$$

Dieselbe Formel gilt also für den VICKERS- und für den KNOOP-Diamant, bei dem letzten ist die längere Diagonale zu messen.

Man muß natürlich bei diesen Geräten die Stelle, auf welcher man die Härte messen will, vor dem Aufsetzen des Diamanten mit einem Mikroskop suchen und einstellen. Dazu hat das Mikroskop ein Fadenkreuz und der Diamant muß so befestigt sein, daß er nach dem Einschwenken genau auf den Schnittpunkt des Fadenkreuzes zu liegen kommt, bzw. er muß vorher so eingestellt werden. Sehr kleine Teile müssen in einem geeigneten Halter befestigt, etwa eingekittet werden. Beim Zeiß-Mikro-Härteprüfer ist der Diamant auf der Linse des Objektivs genau in der optischen Achse aufgekittet. Auf diese Weise liegt der Eindruck stets mitten im Blickfeld des Mikroskops, sobald man die Optik in senkrechter Richtung auf den notwendigen Abstand bringt. Will man von dünnen Folien oder Schichten die Härte über den Querschnitt messen, dann fertigt man einen ganz flachen Schrägschliff; man kann dann leicht 10 mal mehr Eindrücke unterbringen als wenn man einen winkelrechten Schnitt machen würde.

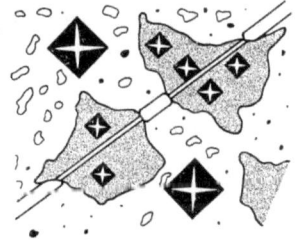

Abb. 41. Vickers-Mikroeindrücke im Gefügebild. Man erkennt den Unterschied zwischen den harten, großen Kristallen und der weichen Grundmasse. In das Bild ist von links unten nach rechts oben ein Ritz eingezeichnet, der ebenfalls die verschiedene Härte durch verschiedene Breite anzeigt.

Bei Geräten, mit welchen auch Ritzprüfungen gemacht werden, ist der Auflagetisch nicht nur senkrecht, sondern auch waagerecht beweglich. Man zieht das Teil durch Drehen der Tischkurbel unter dem belasteten Diamant weg und macht nachher die Bewegung rückwärts unter dem Mikroskop. Die Strichbreite ist ein Maß für die Ritzhärte. Hier dient die Messung allerdings meist nicht dazu, die eigentliche Ritzhärte festzustellen (dazu braucht man eine ganze Anzahl von Ritzen mit wachsender Belastung), sondern dazu, um weiche und harte Teile im Gefüge zu finden, deren Härte an der Ritzbreite schon abzuschätzen und evtl. deren Zahl auszuzählen.

Für porige Stoffe (Guß) ist natürlich das Verfahren nicht anwendbar. Man kann aber einen Stoff, der als schlecht bearbeitbar gilt, obwohl dies aus der Makrohärte gar nicht angenommen werden sollte, auf diese Weise ritzen und feststellen, ob er harte Einschlüsse enthält (Abb. 41).

Bei der Prüfung dünner Folien und Schichten wie auch einzelner Kristalle gilt natürlich auch wieder, daß die Schichtdicke mindestens das 1,5fache der Diagonale (beim Knoop-Diamant $^1/_3$ der langen Diagonale) sein muß. Da die Diagonalen nur wenige μ betragen, kann man Schichten von weniger als $^1/_{100}$ mm messen. Diese Größenordnung von $5-10\mu$ müssen auch Gefügebestandteile haben, die man messen will, kleinere Kristalle können nicht mehr auf Härte gemessen werden.

Die Härteprüfung mit kleinen Lasten hat für den praktischen Betrieb gewiß mancherlei Bedeutung, z. B. kann man bei Einsatzschichten an einem Querschnitt mit der Mikro-Härtemessung sehr genau angeben, bis zu welcher Tiefe die verlangte Härte vorliegt, ähnlich ist es bei der modernen Induktions-Härtung. Es wurde schon erwähnt, daß z. B. die Verhärtung von Kalt-Stanzkanten u. U. eine Rolle spielt. Durch ein stumpfes, ungeeignetes Stanzwerkzeug entstehen sehr hohe Spannungen an solchen Schnittkanten. Man kann z. B. an gestanzten Sägeblättern die Verhärtung messen und damit erkennen, ob eine Gefahr für das Ausbrechen entsteht. Man wird in der Regel zwar den Prüfling dabei zerstören müssen, kann aber aus dem Ergebnis Schlüsse ziehen, die für die weitere Fertigung und Gestaltung der Werkzeuge von Nutzen sind.

Natürlich gilt für Mikro-Härteprüfungen mehr noch als für eine gewöhnliche Vickers-Messung, daß die *Prüffläche* glatt und riefenfrei sein muß. Man kann z. B. auf einer normal geläppten Fläche bei gehärtetem Stahl nur Messungen machen bis etwa 100 g Belastung, für kleinere Lasten muß die Fläche *völlig riefenfrei poliert* sein. Man beachte, daß die Eindrucktiefe nur $1/7$ bzw. $1/30$ der Diagonale ist. Bei Diagonalen von $5\,\mu$ ergibt das Eindrucktiefen von z. T. unter $1\,\mu$. Es ist klar, daß eine einigermaßen saubere Ablesung nur noch möglich ist, wenn etwaige Riefen in der Größenordnung von $0,1\,\mu$ und weniger liegen. Hierin liegt eine gewisse Schwierigkeit der Mikro-Härteprüfung und neben der Leistungsfähigkeit der optischen Vergrößerung auch die Grenze. Bei den kleinen Lasten spielen Lastfehler eine große Rolle. Es ist daher unter anderem zu beachten, daß der Prüfling nicht magnetisch sein darf, da er sonst zusätzliche Kräfte ausübt.

Wenn man dies aber beachtet, können selbst feinste Teile gemessen werden. So ist es z. B. möglich, noch auf der Spitze einer Grammophonnadel mehrere Eindrücke nebeneinander zu machen oder ebenso auf einem Lagerzapfen einer kleinen Armbanduhr, dessen Durchmesser nur einige hundertstel mm beträgt.

Während bei der gewöhnlichen Vickers-Prüfung gesagt wurde, daß die gemessene Härte unabhängig von der angewendeten Belastung ist, gilt dies für die Mikrohärte nicht mehr uneingeschränkt. Bei der Makrohärte ist am Zustandekommen des Wertes eine große Zahl von Kristallen des Stoffes beteiligt. Je kleiner der Eindruck wird, desto kleiner wird auch diese Zahl, bis zuletzt bei den kleinsten Lasten nur noch ein Kristall gemessen wird. Dieser eine Kristall ist u. U. in umliegende weichere Teile eingebettet. Man mißt infolgedessen in der Regel bei kleineren Lasten größere Härte, insbesondere gilt dies für harte Stoffe. Diese Erscheinung kann u. U., sofern genügend große Kristalle vorliegen, auch schon bei der gewöhnlichen Vickers-Messung bei Lasten unter 5 kg auftreten.

Das Auflegen der Last muß beim Mikro-Härteprüfer natürlich noch vorsichtiger erfolgen als beim Makro-Gerät. Die Mikro-Geräte haben deshalb meist besondere Einrichtungen zum langsamen Absenken der Last, etwa ein Uhrwerk.

VIII. Elektromagnetische Härteprüfverfahren.

Eisen und Stahl haben die Eigenschaft, magnetische Kraftlinien besonders gut zu leiten. Weiter bleiben sie magnetisch, wenn sie einmal magnetisiert wurden. Diese beiden Eigenschaften erlauben es, Eisen und Stahl, aber nur diese, auch mit magnetischen Verfahren auf Härte zu prüfen. Es bestehen noch keine einheitlichen Verfahren oder Geräte. Da diese aber in Zukunft an Bedeutung gewinnen werden, seien sie hier erwähnt.

Die Beobachtung zeigt, daß ein Stahl, je härter er ist, auch *magnetisch* härter wird, d. h. er setzt der Magnetisierung und auch der Entmagnetisierung einen größeren Widerstand entgegen. Die Kraft, die notwendig ist, ihn wieder zu entmagnetisieren, nennt man *Koerzitivkraft*. Den Magnetfluß, den er behält, nachdem er einmal magnetisiert ist, nennt man *Remanenz*. Die magnetische Leitfähigkeit, das ist die Zahl, die angibt, wievielmal der Stahl einen Magnetfluß besser leitet als

Luft, nennt man (relative) *Permeabilität*. Alle diese drei Eigenschaften stehen untereinander und auch mit der Härte in einem gewissen Zusammenhang. Leider ist dieser Zusammenhang kein fester oder errechenbarer. Die Verhältniszahlen sind je nach chemischer Zusammensetzung sowie je nach der thermischen Vorbehandlung, also nach dem Gefügezustand, sehr verschieden.

Man weiß z. B., daß Stähle mit sehr verschiedenem Gefügezustand gleiche Härte haben können. Versuche haben ergeben, daß eine magnetische Messung hier nicht die gleichen Werte bringt und so die Verschiedenheit des Gefügezustandes anzeigt. Wenn es in bestimmten Fällen darauf ankommt, nicht nur eine bestimmte Härte einzuhalten, sondern auch mit Rücksicht auf Abnützung oder Maßveränderungen einen bestimmten Gefügezustand zu gewährleisten, wird daher eine magnetische Messung zusätzlich oder auch allein angebracht sein.

Auf magnetischem Wege kann man auch *Einsatz-Schichtdicken* messen, die infolge ihrer zu großen Tiefe mit der üblichen Eindruckmessung nicht mehr erfaßt werden können. Die aufgekohlte und harte Schicht ist auch magnetisch härter als der weiche Kern. Wenn man ein solches Teil magnetisiert und dann seine Koerzitivkraft mißt, ist diese desto größer, je dicker die harte Schicht ist. Auch solche Geräte werden bereits verwendet.

Nun möchte man zuweilen nicht nur die *Tiefe* einer solchen *Einsatzschicht* messen, sondern man möchte auch deren Härte wissen, ja man möchte sogar auch wissen, ob der weiche Kern auch wirklich weich ist. Bei der eben skizzierten Koerzitivkraft-Methode gehen etwaige Fehler der *Schichthärte* oder der *Härte des Kerns* in die Messung mit ein. Das macht die Messung schwierig und u. U. ungenau. Es ist nun bekannt, daß Wechselströme bzw. wechselnder Magnetfluß je nach Frequenz verschieden tief in den Stoff eindringen und verschiedene — meßbare — Verluste (Wirbelströme) erleiden. Ein hochfrequenter Fluß bleibt nur noch in den äußeren Schichten, seine *Eindringtiefe* läßt sich ziemlich genau bestimmen. Man kann also durch Anwendung verschiedener Frequenzen verschieden tief in den Stoff eindringen. Mit einer Frequenz, die etwas tiefer eindringt als die höchst zulässige Schichtdicke ist, läßt sich also feststellen, ob diese nicht überschritten ist. Mit einer anderen Frequenz, die nur so tief eindringt wie die Mindest-Schichtdicke, kann man auch ein evtl. Unterschreiten der Schichtdicke überwachen. Mit einer dritten Frequenz, die nur teilweise in die Schicht eindringt, könnte man deren Härte messen und mit einer vierten Frequenz bzw. mit einer Gleichstrommessung könnte man bis tief in den Kern eindringen und damit dessen Härte mit erfassen. Die Konstruktion derartiger Geräte ist technisch ohne weiteres möglich; sie sind aber kompliziert und teuer und deshalb im Augenblick noch nicht auf dem Markt, jedoch werden für Spezialzwecke solche entwickelt.

Die Verhältnisse und Zusammenhänge wurden, mit Rücksicht auf den ungeschulten Leser, sehr vereinfacht dargestellt. In Wirklichkeit ist die Sache verwickelter und eben deshalb nicht so weit ausgereift, daß man die Verfahren allgemein einführen könnte. Es unterliegt aber keinem Zweifel, daß in der Hand des Fachmanns derartige Messungen mit Erfolg ausgeführt werden können.

IX. Gummi-Härteprüfung.

Bei Weichgummi und ähnlichen plastischen Stoffen können die bisher geschilderten Härteverfahren nicht angewendet werden, weil sie infolge ihrer Plastizität keinen bleibenden Eindruck behalten. Man muß bei ihnen daher den Eindruck unter Last messen. Wie beim Rockwell-Verfahren wird bei einer bestimmten

Vorlast die Uhr auf 0 eingestellt. Der Eindruckkörper ist in der Regel eine Kugel, z. T. auch ein Kegel.

Die DVM-Weichheitszahl (DIN 53503) (Abb. 42). Die hier gebräuchlichste Meßmethode für Gummi ist die in der Norm festgelegte DVM-Methode. Bei ihr wird die Tiefenmeßuhr bei einer Vorlast von 50 g auf 0 eingestellt, also ähnlich wie beim Rockwell-Verfahren.

Die Prüfbedingungen lauten im einzelnen:

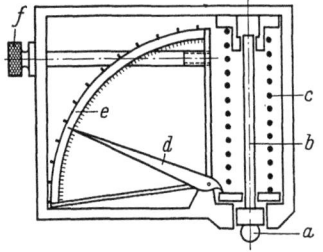

Abb. 42. Vereinfachtes Schema eines kleinen Gummi-Weichheitsprüfers.
a Kugel; *b* Vorlastgewicht; *c* Feder für Belastung; *d* Zeiger; *e* Skala, verstellbar *f* Skaleneinstellschraube.

Kugeldurchmesser: 10 mm — Dicke des Prüflings: 6 ± 0,2 mm
Vorlast: 50 g — Dauer der Gesamtbelastung: 10 s
Zusatzlast: 1000 g — Temperatur: 20 ± 2°
Gesamtlast: 1050 g

Die an der bei 50 g Vorlast auf 0 eingestellten Meßuhr abgelesene Eindrucktiefe in hundertstel mm gilt als Weichheitszahl. Der gesamte Meßbereich geht bis 3 mm, der weichste meßbare Stoff hat also die Weichheitszahl 300.

Ist der Prüfling dünner als 6 mm, so muß man mehrere Teile aufeinander legen, da natürlich auch hier ein etwaiges Durchdrücken auf die Unterlage falsche Werte liefert. Im Gegensatz zur Prüfung von Metallen muß hier aber auch eine Höchststärke des Prüflings eingehalten werden, weil infolge des plastischen Verhaltens ein Durchdrücken in tiefer liegende Schichten gar nicht ganz zu vermeiden ist. Deshalb schreibt die Norm eine in beiden Richtungen verhältnismäßig eng tolerierte Dicke vor.

Beim Hineindrücken der Kugel in den Gummi findet ein Gleiten desselben an der Kugelfläche statt, das gibt Reibungen und damit zu kleine Eindrucktiefe. Um diesen Fehler möglichst klein zu halten, soll der Prüfling talkumiert werden.

Da die Eindrucktiefe in hundertstel mm die *Härtezahl* ist, wird diese desto größer je weicher die Probe ist. Es ist also umgekehrt wie bei der Metallprüfung, man spricht daher auch nicht von der Härtezahl, sondern von der *Weichheitszahl* (Abb. 43).

Die Last soll ebenfalls wie bei allen Härtemessungen stoßfrei aufgebracht werden. Für jede Messung ist eine neue Stelle der Proben-Oberfläche zu verwenden. Der Abstand der Meßstellenmitten voneinander und vom Probenrand muß mind. 10 mm betragen. Als Weichheitszahl einer Probe

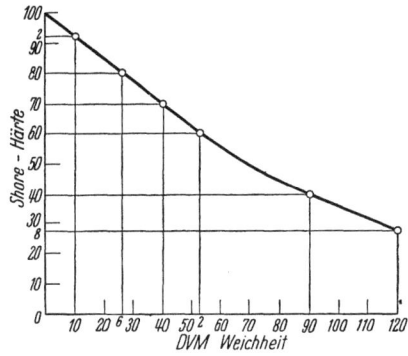

Abb. 43. Beziehung zwischen Shore-Härte und DVM-Weichheit.

gilt der Mittelwert aus mind. drei Messungen. Die Grenzwerte sind ebenfalls anzugeben. Die Messung darf nicht früher als drei Tage nach der Vulkanisation gemacht werden; auch hier ist sehr auf Einhaltung der Temperatur zu achten.

Da gefordert ist, daß die Eindruckmitte vom Rand mind. 10 mm entfernt sein soll, ergibt sich eine Mindestbreite für die Probe von 20 mm. Verwendet man schmalere Proben, so entstehen infolge des seitlichen Ausweichens Meßfehler, man mißt zu weich.

Der Shore-Gummi-Härteprüfer (DIN 53503). Beim Shore-Härteprüfer wird ein kegeliger Stahlstift mit einer Feder in die Probe hineingedrückt. Die Shorehärte ist die Differenz zwischen der (durch einen Anschlag gegebenen) größtmöglichen Eindrucktiefe (=100) und der tatsächlichen Eindrucktiefe. Diese Differenz wird dadurch festgestellt, daß man mit einer Meßuhr mißt, um welches Maß der Druckstift gegen den Federdruck angehoben wird. Man mißt also den reziproken Wert der Eindrucktiefe, eine richtige Härte.

Die Probe soll 4 mm in Breite und Dicke nicht unterschreiten, auf einer harten Unterlage aufliegen, sowie keinen kleineren Krümmungsradius als 6 mm haben. Man kann also mit wesentlich kleineren Proben arbeiten als bei der DVM-Weichheitsprüfung. Die Messung ist aber auch weniger genau.

Die Proben sind vor der Messung ebenfalls mit Talkum zu bepudern, abgelesen wird ebenfalls nach 10 s. Der Härteprüfer darf mit seinem Anschlag mit höchstens 1 kg gegen die Probe gedrückt werden. Ein höherer Druck ergibt unzulässiges Verdichten bzw. Fließen des Gummis und damit zu hohe Härte.

X. Berechnung der Härte.

1. Umrechnung von Härtewerten.

Die Entstehung der Härtewerte ist in den speziellen Abschnitten für die verschiedenen Prüfverfahren bereits behandelt worden. Häufig will man Härtewerte, die nach dem einen Verfahren ermittelt wurden, in ein anderes umrechnen. Ebenso oft kommt es vor, daß Härtewerte, die nach dem einen Verfahren angegeben sind, nach einem anderen gemessen werden sollen, weil nur das andere Gerät zur Verfügung steht. Es sollen deshalb noch einmal übersichtlich die Zusammenhänge dargestellt werden.

Bei gleicher Last und gleichem Eindruckkörper ist die Größe des Eindrucks von der Elastizitätsgrenze, also der elastischen Verformung abhängig, bzw. davon, ein wie großer Teil der Last *elastisch* aufgenommen wird. Weiter hängt der Eindruck von dem *Fließen* des Stoffes und der dabei auftretenden Verfestigung ab und zum dritten von der *Zeitdauer* für das Einwirken der Belastung. Je nach Größe der Last und Form des Eindruckkörpers kann der Einfluß der einzelnen Faktoren verschieden groß sein. Eine Umrechnung ist daher desto eher möglich, je kleiner die elastische Verformung und der Einfluß der Zeit ist, je mehr also eine dauernde Verformung stattfindet, sowie, je geringer die Verfestigung durch Fließen ist. Das ist vorzugsweise bei spröden Stoffen der Fall, weniger bei stark fließenden, zähen und elastischen.

Für die Errechnung der Zugfestigkeit eines Stoffes aus der Brinellhärte können angenähert folgende Faktoren angenommen werden:

$$K_z = k \cdot HB$$

Werkstoff	k	Werkstoff	k
Stähle in geglühtem Zustand etwa	0,36	Kupfer, gezogen	0,40
Stähle in vergütetem bzw. gehärtetem Zustand	0,34	Kupfer, geglüht	0,55
		Gußeisen	0,10
Messing	0,40	Zink, gespritzt	0,42
Magnesium	0,40	Walzbronze	0,32
Aluminium-Bronze	0,43	Lager-Weißmetall	0,32
Aluminium-Legierung	0,35	Magnesium-Legierung	0,43
Aluminium-Guß	0,26	Aluminium–Magnesium-Legierung	0,44

Für die Umrechnung von HB oder HV in HRc im Bereich von HV 200—400 gilt: HRc = rd. 0,1 HV. Bis etwa 300 kg/mm² kann HB=HV gesetzt werden. Bei höheren Härten bekommt man bei Brinell geringere Werte. Umrechnung wie folgt:

Berechnung der Härte.

HB (Hartmetallkugel) ..	400	500	600	700	800
HB (Stahlkugel)	392	475	550	610	—
HV	400	495	585	665	740

Die Lieferfirmen für Härteprüfgeräte liefern umfangreiche Umrechnungstabellen. Auf solche kann deshalb hier verzichtet werden. Normen sind in Vorbereitung. Wer häufig solche Werte umrechnen muß, verwendet am besten Spezial-Rechenschieber, die ebenfalls z. T. von den Prüfgeräte-Firmen geliefert werden. Grundsätzlich soll bei jedem Härtewert angegeben werden, wie er ermittelt wurde. Wenn er also umgerechnet ist, soll die Angabe z. B. wie folgt lauten: HRc (aus HB 30/2,5 ermittelt). Ebenso soll bei Festigkeitswerten, die aus der Härte errechnet wurden, stets angegeben werden: „aus H...... errechnet".

2. Definition und Dimensionen der verschiedenen Härten.

In Tabelle 3 sind neben den Definitionen der verschiedenen Härten die Formeln für deren Errechnung und die Dimension des erhaltenen Härtewertes angegeben.

Tabelle 3. *Übersicht über die Härteprüfverfahren.*

Verfahren	Zeichen	Definition	Formel	Dimension	
Brinell...	HB	$\dfrac{\text{Last}}{\text{Oberfläche}}$	$\dfrac{P}{F} = \dfrac{2P}{\pi \cdot D(D - \sqrt{D^2 - d^2})}$	$\dfrac{\text{kg}}{\text{mm}^2}$	Spannung, spez. Last
Vickers ..	HV	$\dfrac{\text{Last}}{\text{Oberfläche}}$	$\dfrac{P}{F} = \dfrac{2P \cdot \cos 22°}{d^2}$ $= \dfrac{P \cdot 1{,}8544}{d^2}$	$\dfrac{\text{kg}}{\text{mm}^2}$	Spannung, spez. Last
Rockwell..	HR	$\dfrac{\text{Tiefe}}{\text{Last}}$	$\left(\dfrac{e}{P}\right)$ HRc = 100 − e; HRb = 130 − e	$\dfrac{\text{mm}}{\text{kg}}$	Dehnung, spez. Eindrucktiefe
Schlaghärte / Fallhärte		$\dfrac{\text{Wucht}}{\text{Oberfläche}}$	$\dfrac{M \cdot v^2}{\text{mm}^2} = \dfrac{\text{mm kg}}{\text{mm}^2}$	$\dfrac{\text{kg}}{\text{mm}}$	spez. Arbeit
Rücksprunghärte / Skleroskop		$\dfrac{\text{Fallhöhe}}{\text{Rückprallhöhe}}$	oder Rückprallhöhe	%	Verhältniszahl oder mm Rückprallweg
		entspricht auch dem Verhältnis $\dfrac{\text{elastisch aufgenommene Arbeit}}{\text{zur bleibenden Verformung verwendete Arbeit}}$			
Ritzhärte / Martenshärte		Last bei 0,1 mm Ritzbreite	—	$\left(\dfrac{\text{kg}}{\text{mm}}\right)$	Steifigkeit, spez. Last
Shore ...		$\dfrac{\text{Tiefe}}{\text{Last}}$	$100 - t$	$\dfrac{\text{mm}}{\text{kg}}$	Dehnung, spez. Eindringtiefe
DVM ...		$\dfrac{\text{Tiefe}}{\text{Last}}$		$\dfrac{\text{mm}}{\text{kg}}$	Dehnung, spez. Eindringtiefe
Magnetische		Remanenz oder Koerzitivkraft oder Permeabilität oder Wirbelstromverluste	—	—	

Man sieht, daß das Brinell- und Vickers-Verfahren eine Spannung messen oder eine Festigkeit. Das Rockwell-Verfahren mißt eine Dehnung, also etwas ganz anderes. Hieraus wird verständlich, daß die Umrechnung verschiedenartiger Stoffe auch mit anderen Faktoren vorgenommen werden muß.

Bei der Schlag- und Fallhärte wird eine spezifische Arbeit gemessen, also jene Arbeit, welche die Flächeneinheit des Stoffes elastisch aufzunehmen vermag. Bei der Rückprallhärte bekommt man eine dimensionslose Zahl, eine Verhältniszahl, welche das Verhältnis der elastisch aufgenommenen Arbeit zu der für die verbleibende Verformung verbrauchten Arbeit angibt.

Man lasse sich durch die hier dargestellten verschiedenen Dimensionen nicht dazu verleiten, etwa z. B. die Rockwell-Härte der Dehnung gleichzusetzen. Die Brinell-Härte ist auch keine Festigkeit, sie hat nur die Dimension einer solchen. Es soll durch die verschiedenen Dimensionen nur gezeigt werden, daß die nach verschiedenen Verfahren ermittelten Härten u. U. wesentlich verschiedene Dinge und daher Vergleiche und Umrechnungen nur mit Vorbehalten und näherungsweise möglich sind.

XI. Fehlertabelle.

In der Tabelle 4 ist eine Reihe von Fehlern aufgeführt, wie sie an Härteprüfgeräten entstehen. Die Angaben sollen weder erschöpfend noch eine Bedienungsanweisung sein. Sie sollen den Leser zu eigenen Überlegungen und Beobachtungen anregen, sollen ihm nahebringen, daß ein Härteprüfgerät mit Sachkenntnis behandelt sein will. Die Aufstellung kann, bei auftretenden Schwierigkeiten, Hinweise geben, wo etwa ein Fehler zu suchen ist. In der letzten Spalte ist angegeben, in welcher Richtung sich etwaige Meßfehler vermutlich auswirken. Man sieht, daß mehr Fehler in Richtung „zu weich" gemacht werden.

Tabelle 4. *Fehlertabelle* (vgl. DIN 51200)

Fehler und Ursache	Folge	Behebung	HRc	HRb	HB	HV	weich	hart
A. Fehler am Prüfling								
1. Meßfläche unsauber oder riefig (Abb. 26a).	Nulleinstellung wird ungenau.	Prüfling mit Schmirgelleinen abziehen, je kleiner die Lasten, desto feiner muß die Oberfläche sein.	x					x
2. Auflagefläche riefig oder verbeult (Abb. 26f).	1. Diamant weicht seitlich aus und drückt, wird evtl. beschädigt. 2. Ausmessen des Eindruckes ungenau. 3. Stoff weicht nach der Seite aus. 4. Ergebnisse streuen.	Auflagefläche anschleifen.	x					x
3. Unebene Auflagefläche (Abb. 26b).	Nachgeben unter der Last, Beschädigung des Diamanten, seitlichen Druck auf diesen.	Auflagefläche anschleifen, für Ebenheit sorgen, Anschleifen von Hand wird leicht uneben.	x x	x x	x x		x x x x	
4. Meßfläche nicht senkrecht zur Meßachse (Abb. 26h, k, l; 17).	1. Seitlicher Druck auf den Eindruckkörper verursacht Hemmungen. 2. Diamant wird beschädigt. 3. Vickerseindruck wird verzerrt.	Meßfläche genau waagerecht legen, nie an schiefen Flächen messen oder an außermittig liegenden Zylindern.	x		x	x	x	x x
5. Meßfläche uneben und krumm (Abb. 26c).	Unsaubere Eindrücke, ungleiche Diagonalen.	wie 4.			x	x	x	
6. Prüfling zu dünn (Abb. 6).	Durchdrücken auf die meist härtere Unterlage.	Mit kleineren Lasten arbeiten, notfalls mehrere Prüflinge aufeinanderlegen.	x		x	x	x	x
7. Prüflingsdurchmesser zu klein (Abb. 7, 9, 26e).	1. Seitliches Ausweichen des Stoffes. 2. Seitliches Abgleiten des Eindruckkörpers.	Kleinere Last verwenden. Genau auf Mitte stellen.	x x	x x	x	x x	x x	
8. Stoff ist zäher als Vergleichsstück (Abb. 10).	Ein größerer Teil der Last wird für elastische Formänderung aufgebraucht, ein kleinerer bleibt für den dauernden Eindruck.	Vergleichsstück aus gleichem Stoff verwenden.			x	x	x	
9. Stoff ist weniger zäh als Vergleichsstück (Abb. 10).	Eindruck wird größer.	wie 8.	x		x	x	x x	
10. Stoff fließt bei Belastung.	Ergebnisse streuen sehr stark.	Kleineren Belastungsgrad verwenden.	x	x	x x	x	x x	
11. Stoff ist porig.	Starke Streuungen der Ergebnisse.	Kleineren Belastungsgrad mit großen Kugeln keine Messungen mit Diamant machen.	x		x	x	x	
12. Stoff hat eine weiche Haut an der Meßfläche.	Wulstbildung, Falschmessung, ungenaue Ablesung.	Prüfung abschleifen.	x	x	x	x	x	x
13. Stoff hat eine weiche Haut an der Auflagefläche.	Nachgeben unter der Last.	Abschleifen.	x			x	x	
14. Stoff hat eine harte Haut an der Meßfläche.	Harte Haut wird mit gemessen, Streuungen.	Abschleifen.	x			x		x
B. Fehler am Eindruckkörper								
1. Diamant oder Kugel rauh oder ausgebrochen (Abb. 18).	Gleitwiderstand zwischen Prüfling und Eindruckkörper wird größer, Ergebnisse streuen.	Eindruckkörper vor Verwendung prüfen, evtl. auswechseln. Statt Stahlkugeln Widiakugeln verwenden.	x		x	x		x
2. Diamantwinkel zu klein (Abb. 17).	Eindrucktiefe zu groß, Diagonale zu groß.	Diamant vor Verwendung prüfen, evtl. auswechseln.	x			x	x	x
3. Diamantwinkel zu groß (Abb. 17).	Eindrucktiefe zu klein, Diagonale zu klein.	wie oben.	x					x
4. Diamantabrundung zu groß (Abb. 17).	Eindrucktiefe und Diagonale zu klein.	wie oben.	x			x	x	
5. Diamantabrundung zu klein (Abb. 17).	Eindrucktiefe zu groß.	wie oben.	x			x		x

Fehlertabelle.

Tab. 4. *Fortsetzung*

Fehler und Ursache	Folge	Behebung	HRc	HRb	HB	HV	weich	hart
6. Kugeldurchmesser zu groß.	Belastungsgrad stimmt nicht, Eindruckdurchmesser wird zu groß, Eindrucktiefe zu klein.	Vor Verwendung prüfen, auswechseln.		x	x		x	
7. Kugeldurchmesser zu klein.	Belastungsgrad stimmt nicht, Eindruckdurchmesser wird zu klein, Eindrucktiefe zu groß.	wie oben.		x	x			x
8. Eindruckkörperachse fluchtet nicht mit Lastrichtung (Abb. 17).	Verklemmungen, Reibungen, schlechte Eindrücke, Beschädigung des Eindruckkörpers. wie 8.	wie oben.	x	x		x		x
9. Eindruckkörperachse nicht senkrecht auf Auflagefläche (Abb. 17).		wie oben.	x	x		x	x	x
10. Diamantkanten nicht scharf oder ausgebrochen (Abb. 17).	Diagonale wird zu klein, Gleitwiderstand.	Vor Verwendung prüfen, auswechseln.				x	x	
11. Diamant sitzt in seiner Fassung nicht fest.	Gibt bei Belastung nach, streuende Ergebnisse.	Auswechseln, nur beste Diamanten verwenden.	x			x	x	
C. Fehler am Gerät								
1. Last zu groß.	Eindrucktiefen u. Diagonalen werden zu groß.	Geräte regelmäßig eichen, Fehler beheben.	x	x	x	x		x
2. Last zu klein.	Eindrucktiefen u. Diagonalen werden zu klein.	wie oben.	x	x	x	x	x	
3. Unterlage zu weich.	Nachgeben unter der Last.	Nur harte Unterlagen verwenden.	x	x			x	
4. Unterlage riefig, verbeult verschmutzt (Abb. 26f).	Nachgeben unter der Last.	Unterlage vor Beschädigung schützen, regelmäßig austauschende Zwischenlage verwenden.	x	x			x	
5. Einlege-Prisma nicht mittig (Abb. 26h).	Seitlicher Druck auf Eindruckkörper.	Von Zeit zu Zeit Mittigkeit prüfen.	x	x		x	x	x
6. Spindelachse schief, fluchtet nicht	Nachgeben und Kippen unter der Last, seitlicher Druck auf Eindruckkörper stark streuende Ergebnisse.	Regelmäßig überwachen	x	x	x		x	x
7. Spindel hat zu viel Spiel	Nachgeben unter der Last. Streuende Meßergebnisse.	Spindel vor Verschmutzung und Abnützung schützen.	x	x	x		x	x
8. Spindel schlägt (taumelt).	Seitlicher Druck auf Eindruckkörper.	Regelmäßig nachprüfen.	x	x	x	x	x	x
9. Spindelgewinde verschmutzt.	Nachgeben unter der Last.	Spindel vor Stößen schützen.	x	x			x	x
10. Auflagefläche nicht senkrecht zur Lastrichtung.	Seitlicher Druck, Gefahr des Ausweichens unter Beschädigung des Eindruckkörpers.	Regelmäßig nachprüfen. Vor Verschmutzung schützen, reinigen.	x	x		x	x	x
11. Übersetzungsverhältnis zur Meßuhr zu groß.	Eindrucktiefen werden zu groß gemessen.	Aufnahme-Vorrichtung prüfen. Regelmäßig überwachen, evtl. mit Endmaßen prüfen.	x	x			x	x
12. Übersetzungsverhältnis zur Meßuhr zu klein.	Eindrucktiefen werden zu klein gemessen.	wie oben.	x	x			x	x
13. Meßuhr hat Hemmungen.	Ablesewerte falsch, streuen.	Meßuhr in allen Stellungen auf „Umkehrspanne" prüfen.	x	x			x	
14. Last nicht schwingungsfrei.	Eindruckkörper wird in den Prüfling hinein gehämmert.	-Gewichtsbelastete Geräte schwingungsfrei aufstellen, Fehler sehr wichtig.	x	x	x	x		x
15. Last-Übtragung hat Hemmungen.	Last wird zu klein.	Regelmäßig eichen, Fehler beseitigen. Auftreten bei allen, Ergebnisse zu hart.	x	x	x	x		x
16. Belastungsbremse arbeitet rauh und ruckartig.	Last wird ruckartig aufgesetzt. Eindruckkörper hämmert sich ein.	Überwachen, beheben.	x	x	x	x		x

Tab. 4. *Fortsetzung*

Fehlertabelle.

Fehler und Ursache	Folge	Behebung	Auftreten bei Verfahren HRc	HRb	HB	HV	Ergebnis ist zu weich	hart
17. Diagonalenrichtung zur Ableserichtung verdreht (Abb. 17).	Diagonale wird zu kurz gemessen.	Überwachen, nachstellen.				x		x
18. Gerät nicht im Lot aufgestellt.	Gewicht und Lagerungen haben Hemmungen.	Gerät genau ausrichten, vor Veränderungen schützen.				x		x
D. Bedienungsfehler								
1. Eindruck zu nahe am Rand (Abb. 12).	Ausweichen des Stoffes und des Eindruckkörpers.	Vorschrift beachten.	x	x	x	x	x	
2. Eindrücke zu nahe beieinander (Abb. 12).	Verdichten um den Eindruck herum, ergibt in dessen Nähe größere Härte.	Vorschrift beachten.	x	x	x	x		x
3. Last zu rasch aufgelegt.	Hineinhämmern des Eindruckkörpers.	Last insbesondere bei Gewichtsbelasteten Geräten nach Vorschrift auflegen.	x	x	x	x	x	
4. Belastungszeit zu kurz.	Insbesondere bei weichen Stoffen ist das Fließen noch nicht beendet.	Vorschrift beachten, insbesondere bei weichen Stoffen.	x	x	x	■		x
5. Nulleinstellung ungenau.	Härte wird zu hoch gemessen. Meßstreuungen.	Genau einstellen.	x	x			■	x
6. Blick nicht senkrecht auf die Meßuhr.	Parallaxe, Meßstreuungen.	Besonders beachten, häufiger Fehler.	x	x			x	
7. Nulleinstellung überfahren und wieder zurückgedreht.	Sollte an sich so gemacht werden, daß damit Umkehrspanne der Meßuhr ausgeschaltet wird; da aber allgemein nicht üblich, entsteht dadurch Abweichung gegen übliche Prüfmethode.	Immer gleichartig arbeiten.	■	■				■
8. Prüfling nach Aufbringen der Vorlast oder während der Messung verrückt. Prüfling vor der Ableserückt.	Verklemmungen, Diamantbeschädigungen, Streuungen.	Prüfung während der Messung nicht bewegen, am besten vorher festspannen.	x	.		x		x
9. Projektion nicht scharf eingestellt. (Abb. 17).	Ungenaue Ablesung, meist zu kleiner Eindruck.	Scharf auf Eindruckkante einstellen.				x	x	
10. Falsches Ausmessen des Eindrucks bei Wallbildung (Abb. 10).	Eindruck wird zu groß gemessen.	Eindruck anpolieren oder Prüfung vorher schwärzen.	x				x	
11. Diamanthalter vor Beginn der messungen nicht satt angelegt.	Gibt bei Belastung nach.	Nach Diamantwechsel erst einige Probemessungen machen.	x	x			x	
12. Beim Anstellen d. Prüflings zu heftig gegen den Diamant gefahren.	Diamant und Meßuhr werden beschädigt. Falschmessungen.	Vorsichtig anstellen, am besten ist automatisch.			x	x		x
13. Abheben der Last zu ruckartig.	Hochschleudern der Meßuhr. Erzeugung einer Umkehrspanne.	Vorsichtig arbeiten.				x		x
14. Ausmessen der Diagonale in abweichender Richtung (Abb. 17).	Diagonale wird zu klein gemessen.	Beachten, daß Meß- und Diagonalenrichtung übereinstimmen.	x	x		x		x
15. Verwendung einer zu geringen Last.	Eindruck wird zu klein, ungenau.	Insbesondere für harte Stoffe größere Last verwenden.	x	x		x	x	x
16. Verwendung einer zu hohen Last.	Durchdrücken dünner Teile, bei spröden Stoffen Anrißgefahr.	Bei weichen Stoffen kleinere Lasten verwenden, evtl. auch bei spröden.				x		x
17. Verwendung eines zu kleinen Belastungsgrades.	Eindruck wird zu klein und ungenau.	Richtigen Belastungsgrad wählen.			x	x	x	x
18. Verwendung eines zu großen Belastungsgrades.	Eindruck wird zu groß und ungenau.	wie oben.				x	x	x
19. Falsches Ausmessen eingezogener Eindrücke (Abb. 10).	Eindruck wird meist zu klein gemessen.	Evtl. Antuschieren der Prüffläche.			x	x	x	x

Einteilung der bisher erschienenen Hefte nach Fachgebieten (Fortsetzung)

II. Spangebende Formung (Fortsetzung)

	Heft
Außenräumen. 2. Aufl. Von A. Schatz	80
Das Schleifen und Polieren der Metalle. 4. Aufl. Von O. Werkmeister	5
Spitzenloses Schleifen I — Maschinenaufbau und Arbeitsweise —. Von W. Hofmann	97
Spitzenloses Schleifen II — Zusatzvorrichtungen, Genauigkeits- und Schönheitsschliff — Von W. Hofmann	107
Läppen. Von H. H. Finkelnburg	105
Werkzeugschleifen. Von A. Rottler	94
Feilen. Von B. Buxbaum. 2. Aufl. (Im Druck)	46
Das Sägen der Metalle. 2. Aufl. Von J. Hollaender	40
Die Fräser. 4. Aufl. Von E. Brödner	22
Das Fräsen. 2. Aufl. Von Dipl.-Ing. H. H. Klein	88
Die wirtschaftliche Verwendung von Einspindelautomaten. 2. Aufl. Von H.H.Finkelnburg	81
Die wirtschaftliche Verwendung von Mehrspindelautomaten. 2. Aufl. Von H. H. Finkelnburg	71
Werkzeugeinrichtungen auf Einspindelautomaten. 2. Aufl. Von F. Petzoldt	83
Werkzeugeinrichtungen auf Mehrspindelautomaten. Von F. Petzoldt	95
Maschinen und Werkzeuge für die spangebende Holzbearbeitung. 2. Aufl. Von H. Wichmann	78

III. Spanlose Formung

Freiformschmiede I — Grundlagen, Werkstoff der Schmiede, Technologie des Schmiedens —. 4. Aufl. Von F. W. Duesing und A. Stodt	11
Freiformschmiede II — Konstruktion und Ausführung von Schmiedestücken. Schmiedebeispiele —. 3. Aufl. Von A. Stodt	12
Freiformschmiede III — Einrichtung u. Werkzeuge der Schmiede —. 2. Aufl. Von A. Stodt	56
Gesenkschmieden von Stahl I — Technologische Grundlagen der Gestaltung von Schmiedestücken und Schmiedewerkzeugen —. 3. Aufl. Von H. Kaessberg	31
Gesenkschmieden von Stahl II — Die Gestaltung der Schmiedewerkzeuge. — 2. Aufl. Von H. Kaessberg	58
Das Pressen der Metalle. Von A. Peter	41
Die Herstellung roher Schrauben I — Anstauchen der Köpfe —. Von J. Berger	39
Stanztechnik I — Schnitttechnik —. 3. Aufl. Von E. Krabbe	44
Stanztechnik II — Die Bauteile des Schnittes —. 2. Aufl Von E. Krabbe	57
Stanztechnik III — Grundsätze für den Aufbau von Schnittwerkzeugen —. Von E. Krabbe	59
Stanztechnik IV — Formstanzen —. 2. Aufl. Von W. Sellin	60
Die Ziehtechnik in der Blechbearbeitung. 3. Aufl. Von W. Sellin	25
Hydraulische Preßanlagen für die Kunstharzverarbeitung. 2. Aufl. Von H. Lindner	82

IV. Schweißen, Löten, Gießerei

Die neueren Schweißverfahren. 7. Aufl. Von P. Schimpke	13
Das Lichtbogenschweißen. 4. Aufl. Von E. Klosse	43
Praktische Regeln für den Elektroschweißer. 3. Aufl. Von R. Hesse	74
Widerstandsschweißen. 2. Aufl. Von W. Fahrenbach	73
Das Schweißen der Leichtmetalle. 2. Aufl. Von Th. Ricken	85
Schweißtechnische Berechnungen. Von E. Klosse	102
Metallspritzen. Von K. Krekeler und K. Steinemer	93
Das Löten. 4. Aufl. Von R. von Linde (Im Druck)	28
Fachkunde für den Modellbau. 2. Aufl. Von E. Kadlec	72
Der Holzmodellbau I — Allgemeines, einfachere Modelle —. 3. Aufl. Von R. Löwer	14
Der Holzmodellbau II — Beispiele von Modellen und Schablonen zum Formen —. 3. Aufl. Von R. Löwer	17
Modell- und Modellplattenherstellung für die Maschinenformerei. 2. Aufl. Von H. Jung	37
Der Gießerei-Schachtofen im Aufbau und Betrieb. 4. Aufl. Von Joh. Mehrtens	10
Handformerei. 2. Aufl. Von F. Naumann	70
Maschinenformerei. Von U. Lohse †. 2. Aufl. Von H. Allendorf	66
Formsandaufbereitung und Gußputzerei. Von U. Lohse	68

(Fortsetzung 4. Umschlagseite)

If you have any concerns about our products,
you can contact us on
ProductSafety@springernature.com

In case Publisher is established outside the EU,
the EU authorized representative is:
**Springer Nature Customer Service Center GmbH
Europaplatz 3, 69115 Heidelberg, Germany**

Printed by Libri Plureos GmbH
in Hamburg, Germany